"十四五"普通高等教育本科部委级规划教材

U0742672

功能性食品

Gongnengxing Shipin

易若琨◎主编

中国纺织出版社有限公司

图书在版编目（CIP）数据

功能性食品／易若琨主编. --北京：中国纺织出版社有限公司，2024. 8. --（"十四五"普通高等教育本科部委级规划教材）. --ISBN 978-7-5229-2006-1

Ⅰ. TS218

中国国家版本馆 CIP 数据核字第 2024QK0092 号

责任编辑：闫　婷　金　鑫　责任校对：李泽巾
责任印制：王艳丽

中国纺织出版社有限公司出版发行
地址：北京市朝阳区百子湾东里 A407 号楼　邮政编码：100124
销售电话：010—67004422　传真：010—87155801
http://www.c-textilep.com
中国纺织出版社天猫旗舰店
官方微博 http://weibo.com/2119887771
三河市宏盛印务有限公司印刷　各地新华书店经销
2024 年 8 月第 1 版第 1 次印刷
开本：787×1092　1/16　印张：10
字数：230 千字　定价：58.00 元

凡购本书，如有缺页、倒页、脱页，由本社图书营销中心调换

前　　言

我国自古以来就有悠久的"食养"文化和药食同源、寓医于食的健康理念。随着《"健康中国 2030"规划纲要》的全面推进，国民的营养健康意识逐步提升，各类人群对于健康食品的追求越发强烈，专注于不同细分需求的健康产品迎来了快速增长和高质量发展的新阶段。功能性食品行业在年轻化养生潮流及人口老龄化的背景下蓬勃发展，在相关法规逐步完善，市场规模逐渐完备的情况下，功能性食品经过几十年的发展，已经呈现出定位清晰、个性化营养、注重功能成分挖掘与产品形态不断创新的发展趋势。

本书共七章，较为系统地介绍了功能性食品的概念、发展概况、存在问题、最新研究进展及未来发展趋势，生物活性成分的类别、特性和功效，具有不同功效的功能性食品，功能性食品的研发及评价方法，功能性食品生产技术。本书具备系统性、科学性和实用性，可以作为高等院校食品科学相关专业的教材使用，也可作为功能性食品相关研发人员的参考书使用。

本书由重庆第二师范学院易若琨、周先容、潘妍霓、赵欣共同编写。其中第一章、第二章由周先容编写；第三章、第四章由潘妍霓编写；第五章、第六章、第七章由易若琨编写，图片及表格内容由赵欣整理，易若琨统稿。

本教材的出版得到了重庆市高校高水平科研创新平台培育计划（儿童营养与健康发展协同创新中心）的支持。

由于编者水平有限，书中仍存在不足之处，敬请批评指正！

易若琨

2024 年 1 月

目　　录

功能性食品

第一章 绪论

第一章课件

学习目标

1. 了解功能性食品的发展历史和背景。

2. 掌握功能性食品的定义、类型和分类。

3. 掌握功能性食品和保健食品的联系和区别，了解我国国家批准的保健食品功能有哪些。

4. 了解国内外功能性食品的发展现状和趋势，分析我国功能性食品发展的机遇和挑战。

第一节 功能性食品的定义和背景

近年来，随着人口统计、社会经济变化、预期寿命的延长以及医疗保健成本的增加，研究人员对如何有效管理这些变化进行了广泛的研究。功能性食品（functional foods）和营养保健品（nutraceuticals）已被确定为集中研究和开发的主要食品类别之一。20世纪90年代，包括功能性食品制造商在内的食品行业每年销售额增长10%~20%。目前美国功能性食品市场已达到185亿美元，随着消费者对自我保健、人口老龄化和不断增加的医疗费用等问题的关注，功能性食品市场在未来几年将会继续蓬勃发展。2023年美国功能性食品和饮料的销售额达到了921亿美元，并预计2026年将以5%的复合年增长率增长到1069亿美元。

根据发展历程，我国功能性食品行业的发展主要包含起步、成长、信任危机和复兴发展等四个阶段。在2022年，中国以6000亿元位居全球功能性食品市场规模之首，但我国的功能性食品市场仍待充分挖掘。相比于日本、美国等发达国家，我国公民对功能性食品的认知度较低，功能性食品在中国的渗透率只有20%，而日本却高达40%；对于功能性食品的忠诚用户比例来说，我国仅有10%，日本约有50%。这说明我国功能性食品市场的增长潜力和发展空间巨大。

功能性食品的概念起源于20世纪80年代中期的日本，当时日本政府开始为专注于某些食品影响生理功能的研究项目提供财政支持。然而，直到今天，功能性食品仍然没有统一的定义。国际生命科学研究所、国际食品信息理事会、欧盟委员会、美国饮食协会和营养与饮食学会等国际饮食学和营养学团体一致认为"功能性食品提供的健康益处超出了基本营养的范围"。但对于医用食品、特殊膳食用食品、膳食补充剂是否属于功能性食品，目前尚未达成共识。表1-1展示了国际知名组织机构对于功能性食品定义的演变。

表1-1　功能性食品定义的演变

组织机构	功能性食品的定义
美国国家科学院食品和营养委员会	任何可能提供超出其所含传统营养素的健康益处的改良食品或食品成分
国际生命科学研究所	存在生理活性成分且能提供基本营养之外的具有健康益处的食品
食品科学与营养百科全书	由天然成分制成的食品，作为日常饮食的一部分，服用后具有一定调节身体功能的作用，如增强生物防御机制、预防特定疾病、利于特定疾病的恢复、控制身心障碍并减缓衰老过程
第十届国际功能食品会议	含有已知或未知生物活性化合物的天然或加工食品，这些化合物对预防、管理或治疗慢性疾病有临床证明的健康益处
美国农业部（USDA）和农业研究服务局（AR）主办的第17届国际会议	含有已知或未知生物活性化合物的天然或加工食品，这些化合物能够以有效无毒的剂量提供具有临床证明的健康益处，可预防、管理或治疗慢性疾病
英国营养基金会	含有特定功能成分的食品和添加稀有营养素的主食等其他涵盖范围广泛的产品

根据各国对功能性食品的定义演变，其特性总结如下：

（1）存在于常规食品形式中，具有固有的感官特征。

（2）含有生理功能成分，但不以药物/治疗剂量食用。

（3）作为常规饮食的一部分而非以药丸或单独形式食用时，具有经科学证明的生理益处。

（4）经科学证明，对于预期人群的长期食用是安全的。

（5）含有天然存在或添加到食品中的功能成分（无论是营养素还是植物化学物质）。

（6）可用于预防和治疗某些疾病。

在我国，功能性食品有时被认为等同于保健食品，但两者之间又存在着一些本质的区别。2005年我国颁布的《保健食品注册管理办法》提出：保健食品是指声称并具有特定保健功能或者以补充维生素、矿物质为目的的食品，即适宜特定人群食用，具有调节机体功能，不以治疗疾病为目的，并且对人体不产生任何急性、亚急性或慢性危害的食品。而对于功能性食品，我国目前尚无任何法律提出过其定义，其概念主要来源于行业内的一些总结：功能性食品通常指具有增强人体的机体防御能力、促进健康，以及调节生理节律等功能的食品。

功能性食品可包含保健食品，但其范围比保健食品更广。两者的主要区别如下：

（1）保健食品具有法律赋予的定义，而功能性食品的定义主要是来源于业内的术语。

（2）2016年7月1日起，我国保健食品上市之前需要按法规要求完成注册和备案，而功能性食品无此类要求。

（3）在产品标签上，保健食品必须印刷有保健食品的专有标志（图1-1），而功能性食品没有此要求。

图 1-1　我国保健食品特有标志"蓝帽子"

（4）在国家允许的 27 类功能范围中（表 1-2），保健食品可以声称其认证的功能，但功能性食品不得进行任何功能声称。

表 1-2　国家批准的保健食品声称的保健功能目录

增强免疫力	减肥
辅助降血脂	改善生长发育
辅助降血糖	增加骨密度
抗氧化	改善营养性贫血
辅助改善记忆	对化学性肝损伤的辅助保护作用
缓解视疲劳	祛痤疮
促进排铅	祛黄褐斑
清咽润喉	改善皮肤水分
辅助降血压	改善皮肤油分
改善睡眠	调节肠道菌群
促进泌乳	促进消化
缓解体力疲劳	通便
提高缺氧耐受力	对胃黏膜损伤有辅助保护功能
对核辐射危害有辅助保护功能	

我国要求功能性食品必须满足以下 4 个条件：

（1）无毒、无害，符合应有的营养要求。

（2）其功能必须是明确的、具体的，而且经过科学验证是肯定的。同时，其功能不能取代人体正常的膳食摄入和对各类必需营养素的要求。

（3）功能性食品是针对需要调整某方面机体功能的特定人群而研制生产的。

（4）不以治疗为目的，不能取代药物对病人的治疗作用。

第二节 功能性食品的类型和分类

国际生命科学研究所提出食物对人体具有 3 个重要作用：首先是提供营养，以便身体能够进行日常活动以及生长和发育；其次，食物能给人们带来满足感和提升幸福感，尤其是味道、外观和气味都不错的食物；最后，除了主要营养素之外，食物能够提供调节人体生理过程的其他成分。随着人们对食品健康作用的认识，全球功能性食品的科学研究得到了空前发展。

根据其制备方式，功能性食品可分为 3 类（表 1-3）：传统食品、改良食品和食品成分。传统食品是完整的、未经修饰的食品，如蔬菜和水果、鱼类、乳制品和谷物，它们含有天然的对健康有益的生物活性成分。传统食品代表了消费者认可的顶级功能性食品。

表 1-3 功能性食品分类

种类	特征	举例
传统食品	完整的、未经修饰的，且含有有益健康的天然生物活性成分的食物	蔬菜和水果、鱼、奶制品和谷物
改良食品	用功能性食品成分增强、丰富或强化的食品	含钙的果汁、富含叶酸的面包、含植物提取物的饮料和加碘盐
合成食品成分	在实验室合成的功能成分	菊粉型果聚糖

改良食品是用功能性食品成分进行增强、丰富或强化的普通食品，如含钙果汁、富含叶酸的面包、含植物提取物的饮料和加碘盐。功能性食品成分的范围包括常量营养素、较高水平所需的必需微量营养素或非营养成分，如植物化学物质，这些成分源自植物、微生物、海洋生物和其他无机原材料。食品强化是一个通用术语，指补充食品成分（无论是营养成分还是非营养成分）以改善功能性食品的特性。"强化剂"指通常存在于生食中但在加工过程中丢失的食品成分（FAO/WHO，1994）。食品强化的一项新兴创新是生物强化，即通过选择性育种或喂养、处理或基因工程来增加食物来源（动物或植物）的营养成分。

第三类功能性食品是作为益生元的合成食品成分，如菊粉型果聚糖。菊粉和低聚果糖是经过充分研究的益生元，可以选择性地刺激肠道有益微生物。菊粉型果聚糖是利用黑曲霉 β-果苷酶生产的膳食纤维复合物。近年来，这一领域的功能性食品快速增长，因为它可以应用在几乎所有食品分组上。

《食品法典营养与健康使用指南》规定了评价功能性食品的国际标准和指南（CAC/GL 23—1997）。在这套指导方针下，功能食品生产商在达到规定标准时，可以在产品上贴上经批准的健康声明。这些声明包括：

（1）营养素功能声明，描述营养素对正常功能、生长和发育的生理作用。

（2）其他功能声明，描述非营养成分对机体生理功能的具体益处。

（3）降低疾病风险声明，涉及食用食品或食品成分以降低特定疾病或病症的风险。

我国对功能性食品的分类主要有两种，首先根据消费对象可将其分为日常功能性食品和特种功能性食品：①日常功能性食品是根据各种不同的健康消费群（如婴儿、学生和老年人等）的生理特点和营养要求而设计的，旨在促进生长发育、维持活力和精力，强调其成分能够充分显示身体防御功能和调节生理规律的工业化食品；②特种功能性食品着眼于某些特殊消费群的身体状况，强调食品在预防疾病和促进健康方面的调节功能，如减肥功能性食品、提高免疫调节的功能性食品和美容功能性食品等。其次，根据科技含量可将功能性食品分为强化食品、初级产品和高级产品：①强化食品又被称为第一代产品，它是根据各类人群的营养需要，有针对性地将营养素添加到食品中，如各类强化食品及滋补食品，具体为高钙奶、益智奶、鳖精、蜂产品、乌骨鸡、螺旋藻等；②初级产品又被称为第二代产品，它要求经过人体及动物试验，证实该产品具有某种生理功能，如三株口服液、脑黄金、太太口服液、恒宁固之宝等；③高级产品又被称为第三代产品，其不仅需要经过人体及动物试验证明该产品具有某种生理功能，而且需要查清具有该项功能的功效成分，以及该成分的结构、含量、作用机理、在食品中的配伍性和稳定性，如鱼油、多糖、大豆异黄酮、辅酶Q10、纳豆、金御稳糖等。

功能性食品与药品之间存在3方面区别：①药品是用来治病的，而功能性食品不以治疗为目的，不能取代药物对病人的治疗作用；②功能性食品要达到现代毒理学上的基本无毒或无毒水平，在正常摄入范围内不能带来任何毒副作用，而药品则允许一定程度的毒副作用存在；③功能性食品无须医生的处方，没有剂量的限制，可按机体的正常需要自由摄取。

第三节　功能性食品的发展现状与发展趋势

一、发展现状

近年来，随着人们对健康的消费意识不断提高，消费者越来越注重个人健康。传统食品已经不能满足他们的需求，因此功能性食品应运而生，为人们提供了改善饮食习惯的新选择。与此同时，人口老龄化问题日益突出，这使功能性食品备受关注。在消费升级的大背景下，消费者更加倾向于选择对他们自身健康有益的功能性食品。中国食品市场规模持续增长，数据显示2016—2021年，中国功能性食品行业市场规模从2226.58亿元增长至2935.09亿元，年均复合增长率为5.68%。据统计，2023年中国功能性食品市场规模达到3523亿元。由于市场发展趋势向好，涉及功能性食品的企业数量也在持续增加，新注册企业呈现明显上升的趋势。数据显示，从2017年到2022年，中国功能性食品相关企业的新注册数量从2985家增长到13893家，年均复合增长率高达36.01%。截至2023年2月底，新增的功能性食品相关企业达到了2082家。这表明功能性食品市场在满足人们健康需求方面的重要性以及其未来增长的潜力，同时吸引了越来越多的企业看好这一领域的商机。

目前，我国市场上备受欢迎的功能性食品主要关注免疫增强、维生素补充以及抗疲劳等几个领域，这些产品在功能性食品市场中占据了56.6%的份额。从不同年龄段的角度来看，功能性食品在中国的消费者主要集中在中老年群体。由于中老年人的生理机能下降较快，他们更关心延缓衰老、预防疾病以及促进康复，因此他们对功能性食品的需求相对较高。具体来说，55~64岁的消费者群体在功能性食品市场中的渗透率最高，达到29%；其次是65岁及以上的群体，渗透率为23%；接着是45~54岁的群体，渗透率为22%。相比之下，其他年龄段的人群在功能性食品市场中的渗透率都低于20%。

二、发展趋势

随着国民对个人健康关注度的持续提升，以及年轻消费者普遍采纳养生理念和潮流养生方式，再加上多项利好政策的支持，国内功能性食品市场预计将迎来前所未有的发展机遇，市场规模有望持续增长。

功能性食品的未来发展趋势将朝着更加细分化、专业化和个性化的方向前进。随着消费者对功能性食品的需求和认知不断提高，功能性食品将不再局限于单一的功效和形态，而是将针对不同的人群、场景和需求，推出更加专业化、细分化以及个性化的产品。以女性消费者为例，可以研发具有美容养颜、调节内分泌、缓解经期不适等功效的功能性食品；对于运动爱好者，可以推出具备增强肌肉、提供能量、促进恢复等功能的产品；而针对老年人群，则可以研发具有改善记忆、预防骨质疏松、降低血压等功效的食品。这种更加精细化和个性化的趋势将有助于更好地满足不同消费者的特定需求，同时也为功能性食品市场带来更多的创新和增长机会。

功能性食品将朝着更加多元、更具创新性、更符合潮流的方向不断发展。随着消费者对功能性食品口感和体验的需求不断提升，功能性食品将不再受限于传统的形态，如软糖和果冻，而是积极尝试更多元、更富创意、更符合时尚潮流的产品形式。例如，借助冻干技术，可以将水果、蔬菜等原材料制成冻干片，并添加功能性成分，以创造具备健康功效的冻干产品；采用微胶囊技术，可以将功能性成分包裹在微小的胶囊中，然后添加到饮料或其他食品中，生产出具备保健功效的微胶囊饮料或食品；还可以利用3D打印技术，将功能性成分与其他食材混合，以3D打印方式制造出具备健康功效的3D食品。

功能性食品将朝着更为科学、更加安全、更加透明的方向迈进发展。随着消费者对功能性食品的功效和安全性要求不断提高，功能性食品将不再依赖虚假宣传和过度夸大来吸引消费者，而将采取更为科学、更加安全、更加透明的方法来赢得消费者的信任。例如，加强对功能性原料和配方的科学研究和实验验证，提供充分的科学依据和证据来支持产品的功效；对产品的生产过程和质量标准加强监管和控制，以确保产品的安全性，杜绝污染和添加剂的问题；此外，还可以加强对产品成分和功效的标签和宣传的透明度，使消费者能够清楚地了解产品的成分、功效以及使用注意事项。这些措施将有助于确保功能性食品的质量和安全，同时提高了消费者对这类产品的信任度。

根据预测，到2025年，中国功能性食品市场规模有望达到2434亿元。这一预测反映了消费者越来越强烈的健康意识，以及他们对功能性食品的持续需求，同时也表明了功能性食品行业的广阔潜力。未来几年，我们可以期待看到更多创新和多样性的功能性食品产品，以满足不断增长的市场需求。

复习思考题

1. 根据各国对功能性食品定义的演变，谈一下功能性食品具备的特性有哪些。
2. 功能性食品和保健食品的定义分别是什么？
3. 功能性食品和保健食品的区别有哪些？
4. 功能性食品和药品的主要区别是什么？
5. 查阅资料分析一下目前我国功能性食品发展面临的挑战和机遇。

第二章 功能性食品的生物活性成分

第二章课件

学习目标

1. 掌握功能性碳水化合物的结构分类，了解不同来源的功能性碳水化合物的潜在健康益处，了解功能性碳水化合物的生物学作用。

2. 掌握生物活性肽的来源以及其生物活性作用。

3. 掌握常见脂质和油的类型，了解活性油脂的常见来源，掌握油脂的生物学作用。

4. 掌握维生素与矿物质的定义和分类，了解维生素和矿物质的生理功能和缺乏症。

5. 了解常见植物活性成分的分类和生理作用。

6. 掌握益生菌、益生元和合生元的定义及其生理活性作用，了解它们的作用机制。

7. 了解蜂蜜和蘑菇中的生物活性成分及其健康益处。

第一节 功能性碳水化合物

生物活性物质（bioactive substance）定义为能够在机体组织中影响、引起反应或触发反应的成分。这些影响可能是正面的，也可能是负面的，取决于这种物质的剂量或生物利用度。生物活性物质可能作为食品中的天然成分或强化剂存在，其附加的健康益处超过了此类食品的基本营养价值。生物活性物质的研究引起营养学、医学等各个领域的极大兴趣。

碳水化合物是丰富的生物活性物质来源，可作为功能性食品或药物，在人体生理和疾病发病中起着不可或缺的作用。具有明确目标作用的特定碳水化合物通常被称为功能性碳水化合物，如糖蛋白、神经节苷类和所有有益健康的碳水化合物，其中也包括低血糖指数的可消化碳水化合物，以及不易发酵或容易发酵的不可消化碳水化合物。功能性碳水化合物可从植物、动物和微生物中提取，目前已广泛应用于生物技术和制药领域。大多数人在饮食中没有摄取足够的纤维素，这使含有功能性碳水化合物的食品强化成为营养学研究的一个重要领域。从植物中提取的多糖是相对无毒的，其任何副作用与合成化合物相比都是最小的。本节将着重阐述功能性碳水化合物的功能特性及其来源。

一、功能性碳水化合物的结构与来源

碳水化合物天然存在于几乎所有生物体中，尤其是低等和高等植物（如草本植物、木本植物、藻类、真菌和地衣）、一些微生物和某些动物组织中（如肝素、硫酸软骨素和透明质酸）。多糖的结构从线性结构到高度分支结构不等，主要包括：

（1）同多糖（homo-polysaccharides）：指由同一种单糖缩合而成的多糖，如淀粉、纤维素等。

（2）杂多糖（hetero-polysaccharides）：通常指由两种或两种以上不同类型的单糖或其衍生物缩合而成的多糖，如硫酸软骨素、透明质酸等。

尽管碳水化合物在人体生理和某些疾病进展中发挥着核心作用，但它们作为营养品或药物制剂的生物活性化合物尚未得到充分探索。它们的生物活性包括益生元和免疫调节、抗血栓形成、抗病毒、抗菌、抗氧化、抗肿瘤和降糖等。表2-1和表2-2总结了来自植物的生物活性碳水化合物及其潜在的健康益处，表2-3列出了来自高等动物的生物活性碳水化合物及其潜在的健康益处。

表2-1　常见的来自低等植物的生物活性碳水化合物和潜在的健康益处

生物活性碳水化合物	来源	潜在健康益处
褐藻多酚	褐藻和红藻	具有抗氧化、抗病毒、抗糖尿病、抗癌和辐射防护作用
海藻酸盐	褐色海藻，如海带属和蛇鞭属	伤口愈合、治疗性药物、蛋白质输送、细胞移植、抗菌、抗肿瘤和益生元活性
岩藻多糖	棕色海藻，如 *Ecklonia cava*	抗肿瘤、抗氧化、抗凝、抗血栓、免疫调节、抗病毒和抗炎作用
海带多糖	褐海藻，如海带和糖藻种	具有抗炎、抗肿瘤、抗凋亡、抗凝血和抗氧化活性
卡拉胶	红海藻，如海地紫菜	抗氧化剂、抗凝剂
石莼多糖	绿海藻，如 *Ulva*	具有抗氧化、抗病毒、抗肿瘤、免疫调节活性
硫酸化鼠李聚糖	绿海藻，如 *Monostroma Latissimum*	具有抗氧化、抗病毒、抗肿瘤、免疫调节活性
硫酸阿拉伯半乳聚糖	绿海藻，如 *Codium*	具有抗氧化、抗病毒、抗肿瘤、免疫调节活性
硫酸化半乳糖	绿海藻，如 *Caulerpa*	具有抗氧化、抗病毒、抗肿瘤、免疫调节活性
硫酸甘露聚糖	绿海藻	抗氧化、抗病毒、抗肿瘤、免疫调节活性
β-地衣葡聚糖	地衣	免疫调节活性
裂褶菌素	真菌（常见裂叶菌）	免疫调节活性
硬葡聚糖	真菌（*Athelia rolfsii*）	免疫调节活性
香菇多糖	香菇	抗肿瘤、免疫调节

表2-2　常见的来自高等植物的生物活性碳水化合物和潜在的健康益处

生物活性碳水化合物	来源	潜在健康益处
纤维素	水果、谷物、坚果、蔬菜	增加粪便体积和排便节律
半纤维素	一年生/多年生植物、水果、豆类和坚果的营养和贮藏组织	抗氧化活性、抗血栓活性、免疫调节活性、降低胆固醇、消除自由基和调节肠道运动
果胶	植物原代细胞壁、水果和蔬菜的软组织	免疫调节活性、降胆固醇作用、延迟胃排空和小肠转运时间
β-葡聚糖	燕麦、大麦及杂粮	具有降胆固醇、调节血脂、控制血糖、降低高血压、促进免疫的作用

续表

生物活性碳水化合物	来源	潜在健康益处
抗性淀粉	煮熟和冷却的土豆、米饭、绿香蕉、豆类	降血糖、降胆固醇的作用,预防结肠癌,益生元的作用,抑制脂肪堆积,增强矿物质的吸收
半乳聚糖、木聚糖、木葡聚糖、葡萄糖醛酸甘露聚糖、半乳糖醛酸鼠李糖型等树胶	刺槐豆胶、阿拉伯胶和瓜尔胶	延缓餐后血糖、血脂和脂蛋白组成,增加饱腹感,延缓胃排空,降低胆固醇作用,降低甘油三酯作用
菊粉	菊苣根、洋葱、大蒜、小麦	益生元作用、降血脂作用、促进矿物质吸收(如钙、镁)
魔芋葡甘聚糖	魔芋植物	降低胆固醇的作用,减轻体重
人参多糖	人参根	抗轮状病毒活性
刺五加多糖	刺五加叶片	抗氧化活性和免疫生物学活性

表 2-3　常见的来自高等动物的生物活性碳水化合物和潜在的健康益处

生物活性碳水化合物	来源	潜在健康益处
几丁质和壳聚糖	甲壳类动物、昆虫角质层、真菌细胞壁、软体动物外壳	抑制细菌和真菌、抗病毒、药物包封、脂肪吸收剂和伤口敷料
肝素/硫酸乙酰肝素	动物细胞的高尔基体	抗凝血,信号传导和发展,抗菌、抗炎和抗癌活性
透明质酸	动物结缔组织、上皮组织和神经组织	软骨保护作用,免疫调节
硫酸软骨素/硫酸皮肤素	动物肥大细胞颗粒,猪肠、牛气管和鲨鱼软骨的动物组织	抗炎,调节细胞生长和信号,维持细胞外基质的完整性

二、来自低等植物的活性碳水化合物

(一)海洋藻类

海洋生物是生物活性代谢物的宝贵来源。它是新的药物靶点的来源,越来越多的研究专注于探索海洋巨藻(海藻)代谢物的功能特性。海洋巨藻是一种商业上可用的大型海藻,其包括绿藻、褐藻和红藻等。这些生物产生的初级和次级代谢物具有各种生物活性的潜力。因此,它们被广泛应用于食品配料(尤其是红藻和褐藻),以及人类和动物健康相关的营养保健品中。

海藻的碳水化合物含量非常高,海藻多酚和双萜烯等硫酸化多糖是来自海洋藻类的生物活性化合物,因其有效的抗病毒、抗肿瘤和抗癌特性而被广泛研究。关于这些海藻多糖的益生元健康能力的研究也较为常见。在褐海藻中同样发现了多种多糖,如海藻酸盐、岩藻酸盐和海带多糖(表2-1),其中岩藻酸盐和海带多糖可溶于水,而高分子量的海藻酸盐是可溶于碱的多糖。

海藻酸或海藻酸盐(图2-1)是一类线性多糖的通称,这些多糖是通过β-1,4糖苷键将β-D-甘露糖醛酸(M)和α-L-古罗糖醛酸(G)键合而成的线性共聚物。海藻酸盐通常具有高度不同的物理化学异质性，这会影响其质量并导致不同的应用。此外，褐海藻产生的海藻酸盐能够螯合金属离子（特别是钠离子和钙离子）并形成高黏度溶液，使其在食品和药品工业中具有很大的用途。通过诱导二价阳离子形成的海藻酸盐凝胶具有伤口愈合、蛋白质传送和细胞移植的潜力。

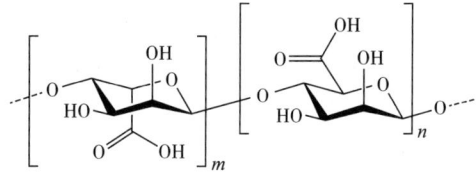

图 2-1 海藻酸盐的结构

岩藻多糖（图 2-2）是以 L-岩藻糖 4-硫酸酯结构单元为主要成分的支链多糖，其构成非常复杂。首先，不同种类的褐藻制备的岩藻多糖具有不同的化学成分。除了主要成分岩藻糖和硫酸酯之外，它们还包含其他单糖，如甘露糖、半乳糖、葡萄糖等，以及糖醛酸。有些岩藻多糖还可能含有乙酰基和蛋白质成分。其次，不同种类的褐藻中的岩藻多糖具有不同的结构。最后，使用不同的提取方法获得的岩藻多糖也可能具有不同的结构特征。实验证明岩藻多糖具有多种生物活性，如抗氧化、抗病毒、抗肿瘤、抗凝血、抗血栓和改善胃部疾病等作用。

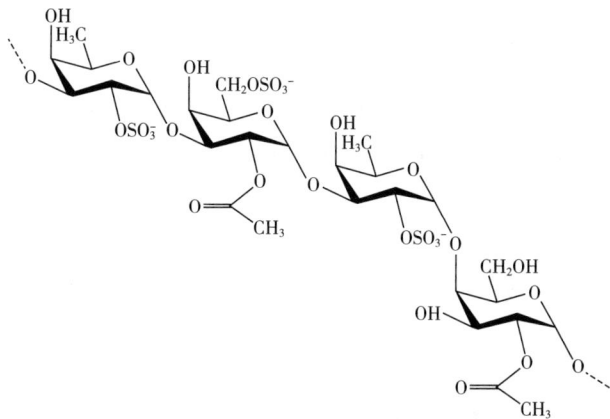

图 2-2 岩藻多糖的结构

海带多糖（或昆布多糖）似乎是所有褐藻的食物储备。它是海带物种中发现的主要糖类，其结构和成分因藻类而异。海带多糖的结构含有 β-(1,3) 交联葡聚糖残基和少量 β-(1,6) 支链，其生物功能由环境因素决定，如水、盐度、温度、浸泡深度、波浪和海流。海带多糖已被证实具有抗菌、抗肿瘤和益生元活性。

此外，多种微藻类物种也能产生硫酸化胞外多糖。由于其多种生物活性，这些物质在食品、保健品和医药领域也有着广泛的应用。除了伊姆裸甲藻（*Gyrodinium impudicum*）的胞外多糖是半乳糖的同源多聚物，其他海洋微藻的胞外多糖几乎都是异源多聚物，其主要成分包括不同比例的木糖、半乳糖和葡萄糖。海洋微藻中还存在其他糖类，如岩藻糖、鼠李糖和果糖。

（二）蘑菇

食用菌是膳食纤维的重要来源，因其独特的感官特性、香气和味道受到了许多人群的喜爱。蘑菇是生物活性碳水化合物的极好来源。从蘑菇中分离出的多糖已被确定为生物反应调节剂，它们以不同形式的糖苷键存在于真菌细胞壁中，如（1,3）和（1,6）-β-d-葡聚糖。部分葡聚糖同时具有 α 和 β 键，其中 β 键更丰富，具有更强的生物活性。

不同菌种间的蘑菇多糖的生物活性不同，这主要取决于链的长度和分支、链的刚性和螺旋构象。这些活性归因于（1,3）-β-葡聚糖和（1,3），（1,6）-β-葡聚糖，其中（1,3）-β-葡聚糖对免疫刺激的积极作用最大。已经证明对人类癌症有治疗作用的蘑菇多糖包括香菇中的香菇多糖、香菇中的活性己糖相关化合物（AHCC）、裂褶菌中的裂褶菌多糖、灰树花中的 D组分和花叶曲菌中的多糖-k 或多糖 P（PSK/PSP）。据报道，在癌症治疗期间长期使用 PSP和 PSK 无毒副作用，它们能够抑制癌细胞中 DNA/RNA 的合成，并增强免疫功能。PSK 的葡聚糖部分由 β-1,4 主链和 β-1,3 侧链组成，其中 β-1,6 侧链通过 O-或 N-糖苷键与多肽片段结合。PSK 的分子量约为 100000Da，其分子量对生物活性影响较大，高分子量的 β-葡聚糖比低分子量的 β-葡聚糖具有更强的生物活性。

PSP 也是一种分子量约为 100000Da 的蛋白多糖，其中包含多糖和多肽部分。它作为一种免疫调节剂被广泛使用，并以其免疫调节、抗癌、抗炎和抗病毒活性而闻名。PSP 中的多糖组分由 α-1,4 和 β-1,3 糖苷键组成。PSP 和 PSK 在化学上是相似的，因此可能很难区分它们。PSK 的结构中含有焦糖，而 PSP 的结构中含有鼠李糖和阿拉伯糖。

三、来自高等植物的活性碳水化合物

从植物来源获得的多糖构成了一大类生物聚合物，构成了在许多亚洲国家广泛使用的草药成分的一部分。从这些植物中提取和分离的几种生物活性多糖引起了人们对其生物活性的广泛研究。

（一）β-葡聚糖

β-葡聚糖是一种天然存在的多糖，由一组天然存在于谷物、细菌和真菌细胞壁中的 β-D-葡萄糖多糖组成。β-葡聚糖又被叫作 β-聚糖、β-1,3-葡聚糖和 β-1,3/1,6-葡聚糖（图 2-3）。β-葡聚糖在各种研究中已被证实对多种疾病和失调具有改善作用。例如，β-葡聚糖具有降低结直肠癌发病的趋势，增加粪便体积并有助于缓解便秘，降低血糖指数，维持餐后血糖水平和抑制胰岛素升高，预防胰岛素抵抗，降低血清胆固醇水平，预防肝损害，并促进肠道有益菌群的生长等。

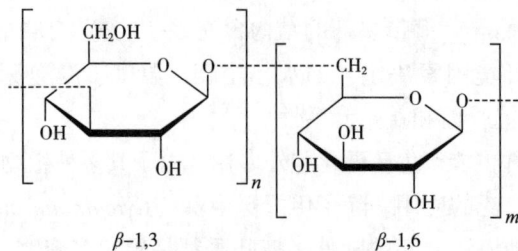

图 2-3　β-1,3/1,6-葡聚糖

此外，不同来源的 β-葡聚糖在其结构上确实存在差异。因此，β-葡聚糖的理化性质与其一级结构的特性有直接关系，主要包括分子量、连锁类型、分支程度和构象等。β-葡聚糖最常见的形式是由具有 β-1,3 键连接的 D-葡萄糖单元组成的葡聚糖。在酵母和蘑菇中发现的 β-葡聚糖含有 β-1,3 糖苷键，偶尔也含有 β-1,6 糖苷键。同时，来自谷物（如燕麦和大麦）的 β-葡聚糖含有 β-1,3 和 β-1,4 糖苷键。蘑菇中可形成 α-(1,3) 或 β-(1,3) 或 β-(1,6)键，但它也可以形成含有其他糖的杂聚糖，如阿拉伯糖、甘露糖、焦糖、半乳糖、木糖等。此外其也可以结合在 PSP（多糖—蛋白质）复合物中的蛋白质残基上。酵母衍生的 β-1,3/1,6葡聚糖被认为比 β-1,3/1,4 葡聚糖具有更大的生物活性。

这些结构差异对 β-葡聚糖的活性有显著影响。体外研究表明，大分子量的 β-葡聚糖（如酶聚糖）可以直接影响白细胞的活化，并与白细胞的抗氧化、抗菌、吞噬和细胞毒性活性有关。其他可能影响 β-葡聚糖免疫调节活性的因素包括侧链出现的频率、位置和长度。相反，中分子量或低分子量的 β-葡聚糖（如磷酸葡聚糖）在体内具有生物活性，但其细胞作用不太清楚。非常短的 β-葡聚糖，即 5000～10000 分子量（如昆布多糖），通常被认为是无活性的。

（二）纤维素和半纤维素

作为植物骨架的主要成分，纤维素是地球上最丰富的有机化学物质。纤维素的主要来源除了植物之外，还有藻类、细菌和真菌，每年生物合成的纤维素达数百万吨，因此纤维素被认为是一种几乎取之不尽的聚合物原料。纤维素的传统来源是木浆和棉籽绒。从棉籽绒中提取的纤维素几乎是纯的，而从木本植物细胞壁中提取的主要是一种由纤维素、半纤维素和木质素组成的复合材料，它也可能含有果胶、蜡和蛋白质等。从表 2-2 可知高等植物中生物活性碳水化合物的来源和潜在的健康益处。

纤维素由数百个 β-(1,4) 糖苷键连接的 d-葡萄糖单元组成线性链。许多这些多糖链排列成平行阵列，形成纤维素微原纤维。微原纤维中的每条多糖链由氢键连接在一起（图 2-4），这使微原纤维非常坚韧和牢固。此外，微原纤维捆绑在一起形成大原纤维。纤维素的抗拉强度使它成为一种非常有用的有机分子，因为它不与水结合，也不会在消化道中改变形态。

纤维素以膳食纤维的形式在人体营养中起着非常重要的作用，因为它们对人体消化和肠道的健康至关重要。大约 85% 的纤维素可以从食用普通食物的受试者回肠内容物中被回收，所以膳食纤维素被认为不会在胃和小肠中被消化。然而在大肠中，它能够被肠道菌群发酵从而产生短链脂肪酸、甲烷、氢气和二氧化碳等。

半纤维素是低聚合度（100～200）的水溶性多糖。纤维素是由线性链的葡萄糖均聚物构成的，而半纤维素是由许多不同的糖，如葡萄糖、甘露糖、半乳糖、木糖和阿拉伯糖构成的支链异聚物，其中糖的比例因植物而异。

（三）魔芋葡甘聚糖

魔芋葡甘聚糖是分子式为 $(C_{24}H_{42}O_{21})_n$ 的纤维性多糖，具有高分子量（平均1000000Da），其保水量约为其重量的 50 倍，这使其成为最黏的膳食纤维之一。葡甘聚糖是一种可发酵的膳食纤维，通常是从疣柄魔芋（*Amorphophallus konjac* 或 *Amorphophallus rivieri*）的块茎中提取得到。它是由 β-D-葡萄糖和 β-D-甘露糖组成的多糖链，其中乙酰基团以 5∶8 的摩尔比连

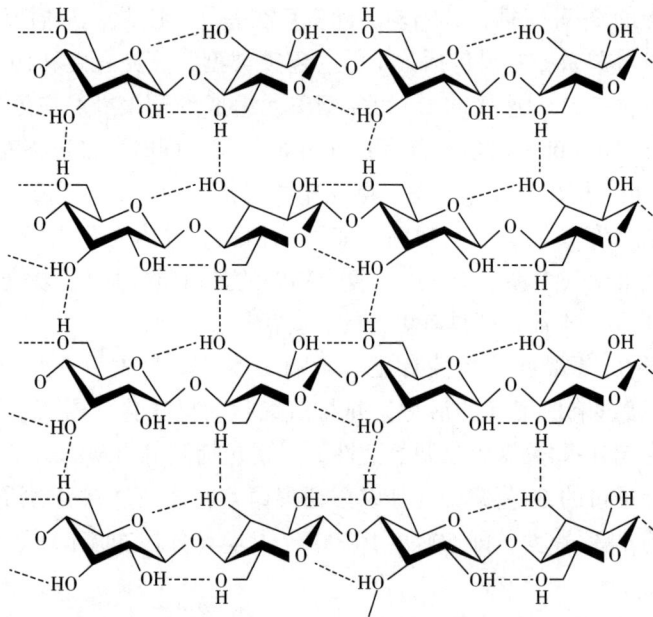

图 2-4　纤维素

接在这些糖链上，但这一比例在具有 β-1,4 键的不同物种之间存在差异。基本的聚合物重复单元遵循 GGMMGMMMMMGGM 的模式，分支通过 β-(1,3)-和 β-(1,6)-糖苷键连接（图 2-5）。主链上每 9~19 个单位的 C-6 上就有一个醋酸基团。事实上，人类唾液和胰腺淀粉酶不能水解 β-1,4 糖苷键，葡甘聚糖能够相对不变地进入结肠，并由定植在结肠中的细菌高度发酵。

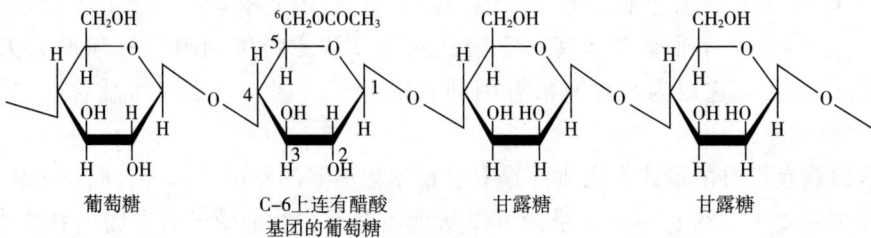

图 2-5　魔芋葡甘聚糖

（四）果胶

果胶是一种天然的植物碳水化合物，其化学成分和理化结构都很复杂。它是通常存在于陆生植物的初代细胞壁中一种杂多糖，以 α-1,4 糖苷键连接的 D-半乳糖醛酸和 α-1,2-鼠李糖单元交替为核心的聚合物，包括多种中性糖，如阿拉伯糖、半乳糖和其他一些糖单元。不同植物的果胶的数量、结构和化学成分可能不同。此外，在同一株植物的不同生长阶段以及不同部位的果胶都可能不同。果胶可溶于碱性水，它们赋予植物弹性，在植物生长中发挥作用。果胶在细胞壁结构、细胞间黏附、细胞发育、形态构成、防御、信号传导、细胞膨胀、细胞壁孔隙度、离子结合、生长因子和酶、花粉管生长、种子水化、叶片脱落和果实发育等方面同样发挥重要作用。

许多具有生物活性的果胶多糖已经从植物中分离出来。它们含有一些明确的结构单位,如同型半乳糖醛酸聚糖(HG)、鼠李糖半乳糖醛酸聚糖 I (RG I)和鼠李糖半乳糖醛酸聚糖 II (RG II)。果胶中常见的具有抗癌作用的成分有 HG 和 RG I 。果胶最主要的区域是 HG (图 2-6),主要由 α-(1,4)-糖苷键连接 α-D-半乳糖醛酸(GalA)在 C-6 部分甲基化的均聚物组成。甲基化程度(DE)是指甲基化和非甲基化 GalA 之间的比率。具有高 DE 的果胶在 HG 主链上有 50%或更多的甲酯基团,被称为 HM 果胶,而具有低 DE 的果胶(LM 果胶)在 HG 主链上的甲酯基团少于 50%。在果胶的研究中,甲酯的含量尤为重要,因为它在很大程度上决定了果胶的物理性质。在某些植物(如甜菜)中,O-2 和 O-3 上的 GalA 残基也可与乙酸部分酯化。类似地,乙酰化和非乙酰化 GalA 之间的比率称为乙酰化程度(DAc)。

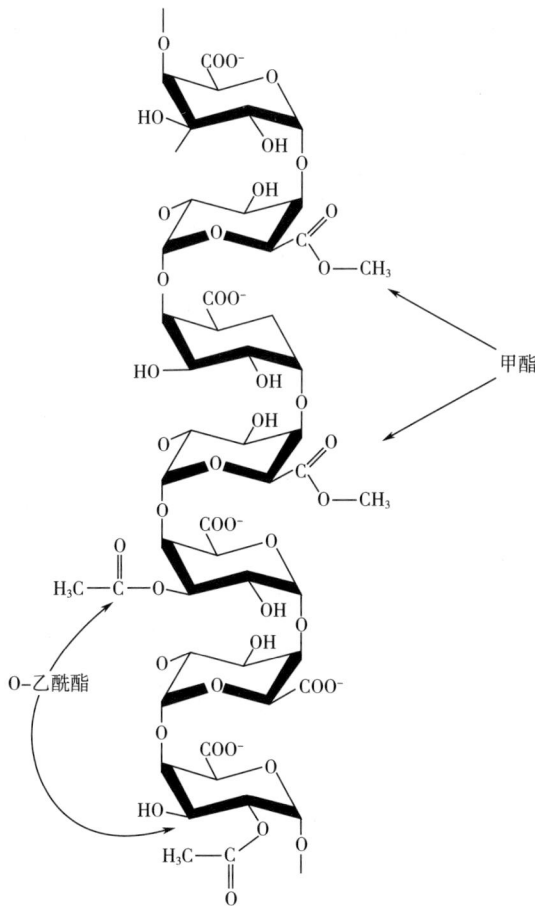

图 2-6 同型半乳糖醛酸聚糖(HG)

果胶的第二个结构域是"毛状"区域,也被称为鼠李糖半乳醛酸聚糖I(RGI)区域。RGI由 GalA 和鼠李糖(Rha)残基的重复双糖 [-4)-α-D-GalA-(1,2)-α-L-Rha-(1-)]$_n$ 组成。它们是高度支化的结构,具有不同程度聚合的中性糖侧链,连接在 α-L-鼠李糖残基的 O-4 或 O-3 位置(图 2-7)。侧链主要由 α-L-阿拉伯糖和/或 β-D-半乳糖残基组成。侧链的主要类型如下：

（1）阿拉伯聚糖（Ara）由（1,5）-α-L-Ara 单元组成，通常在 O-2、O-3 或 O-5 位置上与短的（1,3）-α-L-Ara 或单 α-L-Ara 非还原单元分叉。

（2）半乳糖（Gal）根据植物来源的不同，有线性型［Ⅰ型（1,4）-β-D-Gal］或分支型［Ⅱ型（1,3,6）-β-D-Gal］。

（3）阿拉伯半乳糖Ⅰ（AGⅠ）由（1,4）-β-D-Gal 基链组成，在 O-3 位点被（1,2）/（1,3）-α-L-Ara 短链或单个 α-L-Ara 非还原单元取代。

（4）Ⅱ型阿拉伯半乳糖（AGⅡ），其骨架为（1,3）-β-D-Gal，在 6 位被单糖和寡糖 Ara 和 Gal 侧链大量取代。

研究强调了这些含中性糖链区域的潜在重要性。根据来源和提取方法的不同，果胶的变化也很大。少量的其他糖，如焦糖、葡萄糖、甘露糖、木糖、葡萄糖醛酸和甲基酯化葡萄糖醛酸有时也存在于侧链中。在某些情况下，酚类物质也存在于侧链中。

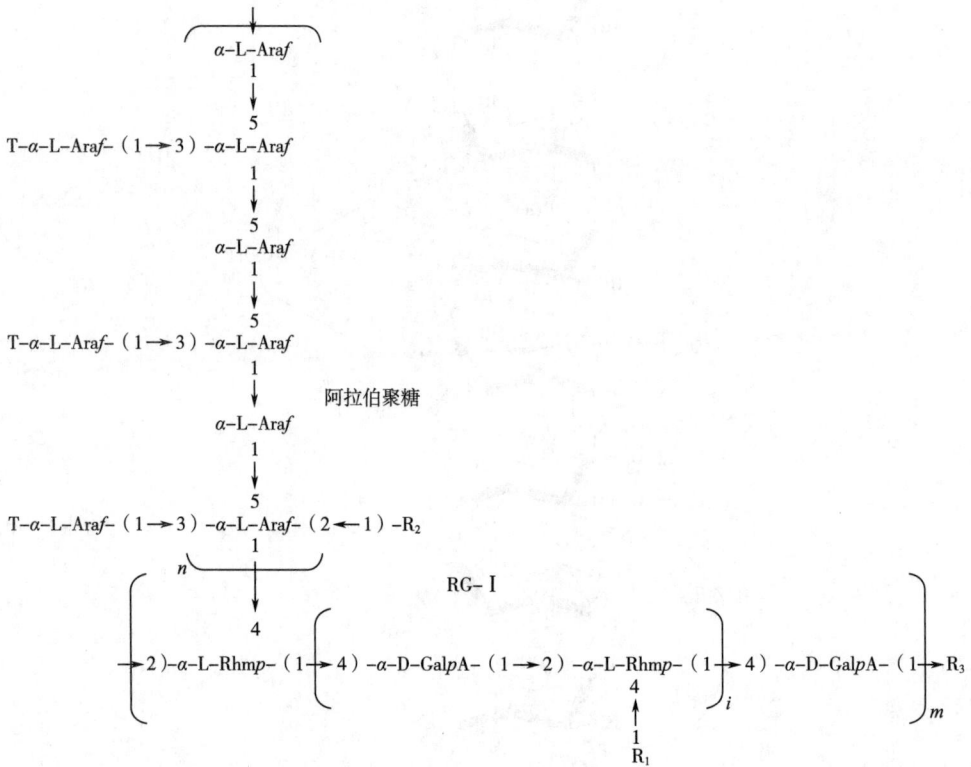

图 2-7　鼠李糖半乳糖醛酸聚糖Ⅰ

四、来自动物产品中的活性碳水化合物

（一）硫酸乙酰肝素/肝素

肝素和硫酸乙酰肝素是密切相关的线性阴离子多糖。它们属于糖胺聚糖（GAGs），具有几种重要的生物活性。这些具有多分散性的多糖是在动物细胞的高尔基体中合成的。肝素具

有高度硫酸化的线性结构，被认为是糖胺聚糖的重要成员。它是由磺化己醛酸（1→4）-D-氨基葡萄糖重复单元组成。硫酸乙酰肝素是一种广泛分布于细胞膜的胞外糖胺聚糖，而肝素主要存在于肥大细胞颗粒的细胞内。

　　肝素因其抗凝血活性而受到了科学的广泛关注，同时人们对硫酸乙酰肝素在正常生理和病理生理中所起的各种作用也越来越感兴趣。肝素和硫酸乙酰肝素的活性涉及抗凝血、信号传导和发展，以及传染病、炎症和癌症等。肝素中的糖醛酸残基由 α-1-伊杜洛醛酸（IdoA）或 β-D-葡萄糖醛酸（GlcA）组成，可在第二个氧原子位置被硫酸酸化。氨基葡萄糖的残留物可以是未修饰的（GlcN）、N-磺化的（GlcNS）或 N-乙酰化的（GlcNAc），在第三和第六个氧位置有各种 O-磺化（图 2-8）。

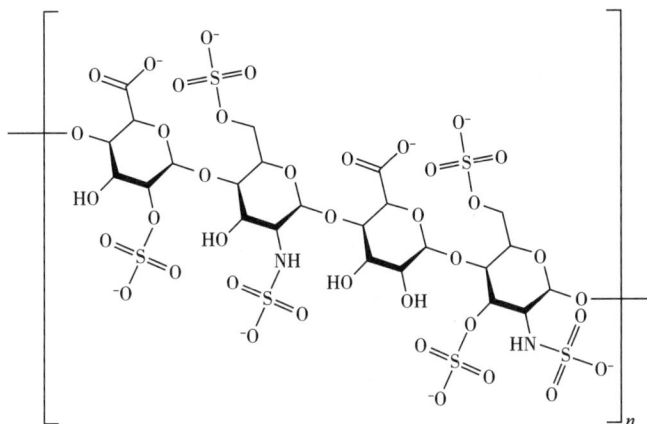

图 2-8　硫酸乙酰肝素

（二）透明质酸

　　透明质酸是一种阴离子、非硫酸化的高分子量糖胺聚糖。例如，人类滑膜的透明质酸平均每个分子约 700 万 Da，或约 2 万个双糖单体。透明质酸由 D-葡萄糖醛酸和 N-乙酰-D-氨基葡萄糖交替组成（图 2-9）。它是天然存在于体内并执行基本的生物功能的物质，其广泛分布于结缔组织、上皮组织和神经组织中，是细胞外基质（ECM）的组成部分。

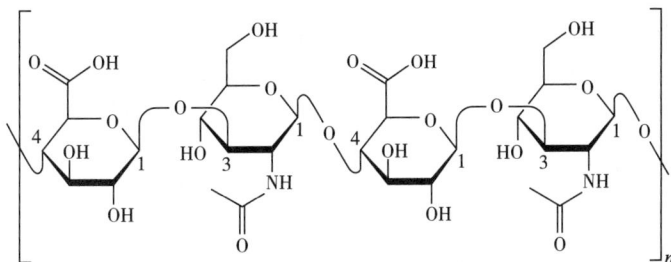

图 2-9　透明质酸

　　许多研究证明了透明质酸（HA）在体内的软骨保护作用及其对关节软骨的影响。外源性 HA 可以促进蛋白多糖的合成，调节免疫细胞的功能，降低促炎细胞因子的活性。具有特殊结构的透明质酸也被认为是一种重要的信号分子，可以与细胞表面受体相互作用，从而调节细胞的黏附、迁移和增殖。

（三）几丁质和壳聚糖

几丁质（又称甲壳素）和壳聚糖均为线性多糖。壳聚糖的来源是几丁质。几丁质是一种天然的生物聚合物［图 2-10（a）］，在甲壳类动物的外骨骼、昆虫的角质层、真菌的细胞壁、软体动物的外壳等中含量最多。几丁质由 2-乙酰氨基-2-脱氧-β-D-葡萄糖单体（N-乙酰氨基葡萄糖单元）通过 β-（1,4）糖苷键连接而成。

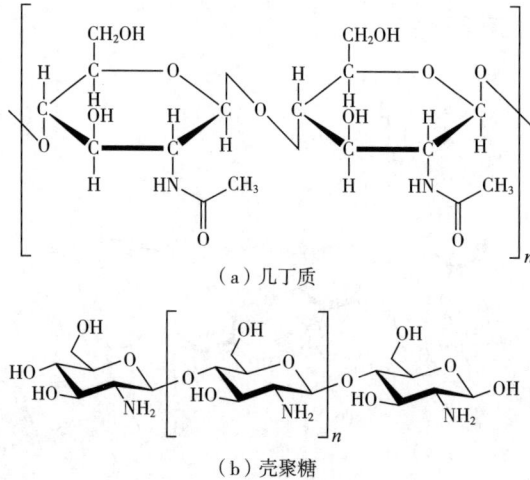

（a）几丁质

（b）壳聚糖

图 2-10   几丁质和壳聚糖

甲壳素的水解通常用于工业生产葡萄糖胺单体和甲壳素低聚糖。几丁质衍生物具有一定的功能特性，如抑制细菌和真菌能力、聚电解质和阳离子性、活性基团的存在和高吸附能力等，这些功能使其成为一种用途广泛的生物分子。壳聚糖是一种脱乙酰 α-（1,4）氨基葡萄糖单元的聚合物，通常可以通过甲壳类动物外壳或外骨骼脱矿和脱蛋白后用氢氧化钠将几丁质［图 2-10（b）］脱乙酰得到。几丁质的去乙酰化程度（DDA）在 60%～100%。壳聚糖作为一种杂多糖还包括线性 β-1,4 连接单元，这些连接单位通常以颗粒、片状或粉末的形式存在。

几丁质预先构建有机框架，然后碳酸钙在该框架上富集生长，并逐步填满整个框架。除了均可被生物降解和无毒之外，甲壳素在结构上以及其他许多方面与纤维素也都非常相似。目前，几丁质被广泛应用于药物封装、脂肪吸收剂和伤口敷料等。鉴于羟基磷灰石的吸附特性，甲壳素/壳聚糖—磷酸钙系统具有作为病毒过滤器的潜在用途，这能允许其附着药物用于未来治疗严重病毒性疾病。

五、来自微生物的活性碳水化合物

（一）葡聚糖

葡聚糖是由蔗糖的 α-D-葡萄糖部分在葡聚糖酶催化的反应中聚合而成的一类多糖化合物。它是由 α-1,6 糖苷键连接葡萄糖作为主链和 α-1,4 糖苷键连接葡萄糖作为侧链组成的高分子量多糖（图 2-11）。当肠系膜乳杆菌在蔗糖中培养时，可以商业化生产葡聚糖（表 2-4）。其他微生物也可产生葡聚糖，但从不同微生物菌株中提取的葡聚糖具有不同的结构。葡聚糖还可用于生物大分子的分离和纯化。由于其生物相容性，它也可以用作生物医学应用中的血浆扩张器。

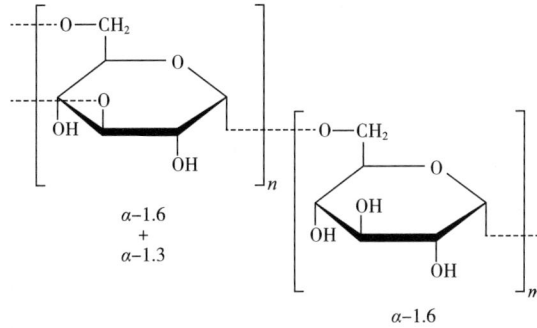

图 2-11 葡聚糖

表 2-4 微生物中生物活性碳水化合物的例子及其潜在的健康益处

生物活性碳水化合物	来源	潜在健康益处
葡聚糖	肠系膜乳杆菌	抗凝血，应用于生物医学中的血浆/容量扩张
黄原胶	油菜黄单胞菌	抗氧化、抗菌和生物膜抑制活性

（二）黄原胶

黄原胶是由葡萄糖、甘露糖和葡萄糖醛酸组成的高分子量支链多糖（图 2-12）。它可由油菜黄单胞菌自然产生，也可通过葡萄糖或蔗糖溶液与纯油菜黄单胞菌培养物的有氧发酵实现商业化生产。黄原胶的主链以由 β-葡萄糖通过 β-1,4-糖苷键连接而成的 2 分子葡萄糖为单元，其结构与纤维素结构相同，相间在葡萄糖的 C3 上连有 2 分子甘露糖和 1 分子葡萄糖醛酸构成侧链。侧链上有丙酮酸及羧酸侧基。

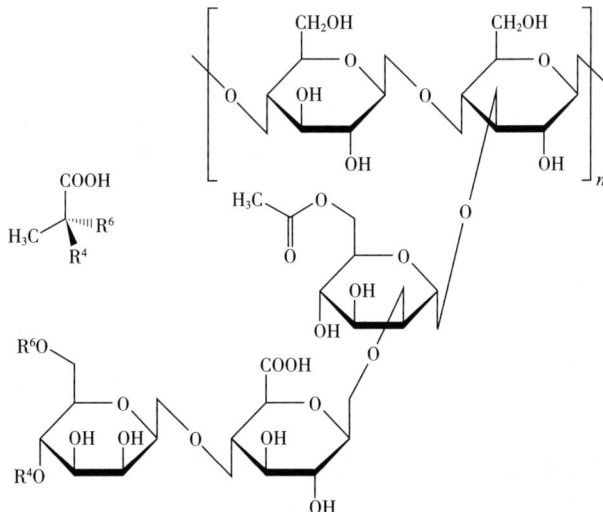

图 2-12 黄原胶

六、生物活性碳水化合物结构与活性的关系

碳水化合物（特别是多糖）不同的化学结构、组成、分子量、电位和连接顺序会导致其功能和生物活性的差异。多糖具有不同的分子量（M_w）和单糖组成，它们在糖苷键的构型和位置上也表现出差异。它们的结构可以从线性结构到高度支化结构。因此，了解这些多糖的结构如何影响其生物活性非常重要。多糖的三维排列受单体类型、连接方式和位置，以及聚合物链内分支的数量和位置的影响很大。一些物理性质，如溶解度、黏度和凝胶化，也可能影响生物活性，因为它们可以影响生物利用度。一些研究表明，具有明显不同平均分子量但具有类似单糖组成部分的多糖可能具有相同的生物活性。因此，阐明生物活性多糖的分子结构对于预测它们的生物活性非常重要。

生物分析技术的发展极大地促进了我们对多糖结构的理解以及对它们的功能进行应用。通过对植物多糖结构的持续研究，人们已经发现了许多新的生理活性化合物。同样地，生物活性碳水化合物的保健应用也与它们在上消化道中对消化的结构性抵抗力相关，使它们能够抵达结肠并成为有益的微生物群营养的重要组成部分，或者作为微生物转化为其他生物活性化合物的中间体。

在过去的几十年里，人们对几种多糖进行了研究，以探索它们的生物活性，特别是对人体健康的影响。离心、超滤、超声辅助提取和脉冲电能等技术在提取和纯化生物活性多糖方面非常有用。多糖的表征通常包括糖胺聚糖（GAG）、糖酸和硫酸盐含量、薄层色谱（TLC）、高效液相色谱（HPLC）、凝胶渗透色谱（GPC）、傅里叶变换红外光谱（FTIR）、紫外可见光谱（UV-Vis）、热重分析（TGA）和 X 射线粉末衍射（XRD）的初步、物理和结构性质。随着这些提取和鉴定技术的进步，许多新的多糖能够从各种资源中不断被发现。

七、生物活性碳水化合物的生物学作用

低聚糖和多糖是所有生物体中具有多种功能的重要生物分子。不同多糖的结构差异巨大，这是高等生物中多种细胞间相互作用的精确调控机制的灵活性的原因。在大分子中，多糖具有携带生物信息的最大潜力，因为它们具有高度的结构多样性。众所周知，多糖的生物功能与它们的结构特征密切相关。

由于这些多糖具有潜在的生物活性，许多药理学和生物化学领域的研究致力于从药用植物中提取出生物活性多糖。更重要的是，来自植物的多糖相对无毒，且大多数几乎没有副作用。

（一）益生元类碳水化合物

益生元是一种不可消化的食物成分，可以选择性地刺激结肠中益生菌（即有益细菌）的生长和活动。人类饮食中的多糖是非常好的益生元来源，因为它们通常促进益生菌的生长和丰富肠道生物多样性。食物中发现的许多多糖不能被人体消化系统完全消化，这些难消化的多糖包括纤维素、半纤维素、β-葡聚糖、果胶、黏液、树胶和木质素，统称为膳食纤维。这些多糖大多数在人类消化系统中具有抗消化性质。例如抗性淀粉是一种只能被大肠微生物发酵的淀粉，其原因是人类基因组没有编码足够的胃肠道酶来代谢此类多糖，所以只能通过一系列来自肠道微生物群的酶将这些多糖进行降解。

　　肠道菌群是一个动态的器官，在维持机体健康方面发挥关键作用。它是肠道中微生物的复杂聚集，其数量超过100万亿个，这些微生物的多样性和密度在结肠中最高，通常参与宿主的重要生理功能。它们之间还建立了复杂的相互作用，这种作用包括从协同关系到竞争关系的不同种类，这些关系可能直接或间接地影响宿主的健康。研究表明，相对于有肠道菌群定植的动物，无菌动物更容易受到细菌的伤害。

　　膳食多糖会影响肠道微生态，同时肠道微生物群可以影响宿主的营养、免疫调节、对病原体的抵抗力、肠上皮的发育和活动以及能量代谢等。人类肠道中的细菌能够产生数百种多糖降解酶，约占肠道微生物组编码酶总数的2.62%。因此，这些多糖在发酵过程中为肠道细菌提供了独特的碳源，如阿拉伯半乳聚糖、半乳甘露聚糖、葡甘露聚糖、层黏连蛋白（一种葡聚糖）和其他混合多糖产物均是可被人类结肠细菌代谢的生物活性多糖。有研究发现苹果果胶可以增加厚壁菌门，减少拟杆菌门，从而改善饮食性肥胖大鼠的脂肪积累和体重。有学者认为，任何碳水化合物要被定义为益生元碳水化合物，必须满足以下标准：

　　（1）此类碳水化合物必须耐受胃酸、哺乳动物体内酶的水解、胃肠道的吸收，以及肠道菌群的发酵等。

　　（2）此类碳水化合物必须有选择性地刺激肠道益生菌的生长和活性。

　　许多多糖的有益作用主要取决于它们的可发酵性，因为人体消化系统不能完全消化大部分多糖。其他益处包括物理化学特性，如保水能力和胆汁酸结合能力。因此，天然多糖能够通过减缓胃排空、改善肠道功能、为微生物发酵提供底物、调节肠道微生物结构，以及保护免疫系统等为人体健康提供益处。某些肠道细菌可以将多糖分解成短链脂肪酸（SCFAs），这些短链脂肪酸能够为结肠提供能量并调节免疫反应。此外，SCFAs对结肠炎/结直肠癌有保护作用，保持上皮屏障功能，促进上皮细胞增殖。例如，丁酸通过向上皮细胞提供能量来改善结肠健康，不同浓度的丁酸可以促进人体细胞的增殖和分化，诱导肿瘤细胞凋亡。

　　代谢综合征是一种与微生物群紊乱有关的疾病。据报道，许多多糖可以有效改善代谢综合征，例如苹果衍生的果胶可以减少饮食诱导的肥胖小鼠的体重增加和脂肪的过度积累；可溶性膳食纤维通过增加能量消耗和调节肠道微生物群来抑制体重增加和脂肪积累。

　　（二）抗氧化活性

　　多糖作为自由基清除剂和抗氧化剂在生物机体中起着重要的抗氧化作用。氧化应激也从大多数细胞过程的调控演变而来，包括增殖、分化、应激反应和细胞死亡，它是导致各种疾病和衰老的直接因素之一。这使多糖的抗氧化作用成为其有前景的主要生物活性之一。从动物、植物和微生物中发现了许多具有抗氧化特性的多糖。益生菌可以合成胞外多糖（EPSs）。EPSs具有重要的商业生理和治疗作用，这类生物分子能够去除肠道内通过各种代谢反应形成的活性氧（ROS）。多糖的抗氧化性能与其结构有直接关系，决定其抗氧化作用的主要理化性质包括：

　　（1）水溶性。

　　（2）分子量大于90ku。

　　（3）β-（1,3）-D-葡萄糖的主链。

　　（4）β-（1,6）侧链。

　　（5）分支度。

（6）官能团（多羟基、羧甲基、乙酰基、甲酰基等）。

（7）三股螺旋结构。

海藻富含抗氧化剂，因为它们含有多种功能多糖。同样，从大麦中提取的 β-葡聚糖除了具有其他多种生物活性外，还具有显著的抗氧化活性。β-葡聚糖表现出的抗氧化活性的大小与其不同生理特性（如结构和分子大小）密切相关，这同样取决于 β-葡聚糖的来源和所使用的提取方法。

枸杞在中国传统上被用作食品补充剂和草药，其含有的枸杞多糖（*Lycium barbarum polysaccharides*，LBP）是目前研究较多的抗氧化多糖之一。枸杞多糖对 ABTS、DPPH 及超氧自由基均有明显的清除作用；此外，LBP 还表现出显著的还原能力、铁离子螯合能力和超氧化物清除能力。所有这些抗氧化活性都是由于枸杞多糖能够提高诸如谷胱甘肽过氧化物酶（GSH-Px）和超氧化物歧化酶（SOD）等抗氧化酶的活性。

另有研究从三角帆蚌中提取一种水溶性多糖，该多糖的结构成分为 α-（1,4）-D-葡聚糖，平均每五个残基的 C-6 处有一个单一的 α-D-葡萄糖支链，其平均分子量约为 2.65×10^5。药理研究表明，该多糖可显著提高脑组织 SOD 总活性，有效降低丙二醛含量。另一项研究表明由蟹甲壳素酸性水解产生的壳聚糖寡糖（NA-COS）同样具有抗氧化作用，NA-COS 在细胞系统中具有显著清除自由基的潜力，它们还被证明可以抑制髓过氧化物酶（MPO）的活性，并减少 DNA 和膜蛋白的自由基氧化，也能刺激细胞内谷胱甘肽（GSH）水平的增加。

（三）免疫调节和免疫刺激活性

先天免疫系统的一个理想特征是快速识别并对入侵的病原体做出反应，从而控制感染。有不同类型的天然免疫治疗方法，包括单克隆抗体、恶性生长免疫、干扰素、白细胞介素、状态激活变量、集落刺激因子、基因治疗和非特异性免疫调节剂等。大量的多糖同样可以与免疫系统连接，上调或下调宿主反应的外显部分，因此可以归类为免疫调节剂。

天然来源的多糖（包括杂聚糖和蛋白聚糖）的免疫调节特性已被研究和证明。这种多糖通常具有一定的分子量和结构。这些免疫调节活性包括激活巨噬细胞、单核细胞、树突状细胞、自然杀伤细胞（NK）、淋巴细胞活化杀伤细胞、肿瘤浸润淋巴细胞和其他淋巴细胞。这些多糖的另一个重要活性已被证明是促进各种细胞因子的释放，包括白细胞介素、干扰素、肿瘤坏死因子和集落刺激因子。因此，这些多糖被认为是多细胞因子诱导剂，这可能是因为其启动了多种免疫调节细胞因子和细胞因子受体的基因表达。

β-葡聚糖已被证明是有效的免疫调节剂，对先天免疫和适应性免疫都有影响。dectin-1 是一种结合 β-1,3 和 β-1,6 葡聚糖的 II 型跨膜蛋白受体，可以启动和调节先天免疫反应。dectin-1 在负责先天免疫反应的细胞上表达，并在巨噬细胞、中性粒细胞和树突状细胞中被发现。dectin-1 接受来自细菌和真菌细胞壁中的 β-葡聚糖。由于人体细胞中缺乏 β-葡聚糖，糊精-1 可以方便地触发有效的免疫反应，包括吞噬和促炎因子的产生，从而消除感染因子。

多糖的免疫调节作用与其结构有关。多糖的分子量、三级结构/构象和组成的差异都会影响其生物活性。通常，具有 β-1,3、β-1,4 或 β-1,6 支链是多糖发挥生物活性作用的必要结构，而具有阴离子结构和更高分子量的复杂支链多糖具有更大的免疫刺激活性。这些生物活性的差异可能是由于细胞表面受体亲和力或受体—配体相互作用的差异。许多多糖的免疫刺激活性已在健康成人的一些研究中得到证实。对健康动物的研究也表明，各种葡聚糖产品具有许多免疫刺激作用。

植物多糖激活巨噬细胞的主要方式是它们与细胞上特定受体的相互作用，这些受体被称为模式识别受体。巨噬细胞参与免疫调节过程。巨噬细胞在宿主防御的所有阶段都发挥着重要作用，包括先天和适应性免疫反应。巨噬细胞在各种复杂的微生物功能中起着至关重要的作用，包括监视、趋化、吞噬和最终降解目标生物。碳水化合物可以与巨噬细胞相互作用，并通过多种机制调节巨噬细胞。可能的机制是巨噬细胞通过 toll 样受体 4 （TLR4）、CD14、dectin-1 和甘露糖受体等与多糖结合并相互作用。一旦受体被激活，就会有下游信号和促炎因子的产生。

由于多糖具有调节巨噬细胞的功能，它们也可以增强宿主的免疫防御。对巨噬细胞功能的研究表明，多糖可以增强巨噬细胞的功能，包括激活吞噬能，增加对肿瘤细胞的细胞毒活性，增加活性氧（ROS）和一氧化氮（NO）的产生。它还促进细胞因子和趋化因子的分泌，如肿瘤坏死因子（TNF-α）、白细胞介素-1β（IL-1β）、IL-6、IL-12 等。例如，从刺柏球果中提取的多糖对小鼠巨噬细胞具有显著的免疫调节作用。研究证实，多糖引起巨噬细胞 iNOS 和 NO 的表达增加，同时增加细胞因子如 IL-1、IL-6、IL-12、IL-10 和 TNF-α 的分泌。

蘑菇的免疫刺激特性在许多东方国家都有记载。蘑菇中的生物活性多糖是 β-葡聚糖，这些物质通过增强巨噬细胞和自然杀伤细胞的功能来增强宿主免疫力。β-葡聚糖诱导细胞反应的机制可能是由于它们与几种细胞表面受体的相互作用，如补体受体 3 （CR3、CD11b/CD18）、乳糖神经酰胺、清道夫受体和 dectin-1 等。β-葡聚糖也显示出抗癌活性，它们可以通过对抗强大的基因毒性致癌物来预防肿瘤的发生。

抗血管生成是 β-葡聚糖抑制肿瘤增殖和防止肿瘤转移的一种可能途径。因此，β-葡聚糖可以作为支持疗法用于癌症的化疗和放疗，在造血后骨髓损伤的恢复中发挥积极作用。单克隆抗体免疫治疗是一种新的癌症治疗策略，这些抗体触发补体系统的活性，用 iC3b 片段改变肿瘤细胞。肿瘤细胞以及其他宿主细胞很难触发补体受体 3 依赖性细胞毒性并启动肿瘤杀伤活性，因为它们没有 β-葡聚糖作为表面成分。因此，这种机制只有在 β-葡聚糖存在的情况下才会被激发。

（四）抗肿瘤活性

恶性肿瘤是一种危害人体健康的可怕疾病。大多数抗肿瘤药物在杀死癌细胞的同时，也会严重损害正常细胞，这导致寻求替代癌症治疗的研究备受关注。许多多糖具有较强的抗肿瘤活性，具有广阔的应用前景。含有 β-1,3、β-1,4 或 β-1,6 结构的生物活性多糖具有改善免疫系统从而减少动物肿瘤发生和生长的能力已被广泛证明。同样，在许多对照临床试验中已经证明，使用营养保健品和从多糖中提取的药物治疗可以延长肿瘤患者的生存时间。一些多糖产品的抗炎和抗过敏作用也已在人类和动物对照研究中得到证实。具有抗肿瘤作用的植物多糖主要通过抑制肿瘤生长、诱导细胞凋亡、增强免疫功能和协同化疗药物等途径在多种细胞系的肿瘤发展中发挥作用。

微生物多糖（主要来源于细菌和真菌）也被发现具有显著的抗肿瘤活性，可用于抑制肿瘤细胞生长、诱导细胞凋亡、免疫增强、协同化疗药物等可产生抗肿瘤作用的方式。多糖主要通过两种机制发挥抗肿瘤作用：多糖对肿瘤细胞的直接作用；增强机体的免疫功能（间接抗肿瘤活性）。

1. 多糖对肿瘤细胞的直接作用

多糖对肿瘤的直接作用可以分为如下 6 个不同的机理：

（1）直接抑制肿瘤细胞的生长。

多糖具有直接的抗肿瘤作用，对肿瘤细胞具有细胞毒作用。例如，从地榆根中提取的多糖可以抑制 H22 腹水肿瘤细胞的生长，延长腹水肿瘤小鼠的存活时间，并降低对正常细胞的毒性。

（2）诱导肿瘤细胞凋亡。

细胞凋亡是多细胞生物普遍存在的一种自发的、主动的细胞死亡过程，是维持细胞数量相对稳定的内在机制。这种机制的障碍或异常可能导致肿瘤或其他病变。因此，诱导肿瘤细胞凋亡是一种治疗癌症的新方法。多糖诱导肿瘤细胞凋亡的机制是通过改变线粒体膜电位，阻断细胞周期，影响凋亡相关基因的表现，调节 caspase 蛋白酶的表达和活性，从而抑制端粒酶活性，诱导肿瘤细胞凋亡。

（3）抑制肿瘤血管生成。

血管生成对肿瘤生长和转移至关重要，因此控制肿瘤相关血管生成是限制癌症进展的一种富有前景的机制。实体瘤的生长和转移与新生血管的形成有密切的关系。新的血管能够为肿瘤细胞提供充足的营养物质从而加快其生长。马尾藻多糖（*Sargassum fusiforme* polysaccharides，SFPS）有抑制肿瘤血管内皮细胞增殖的作用，其机制可能与下调肿瘤血管细胞中 VEGF-A 和 VEGFR2 的表达有关。

（4）影响肿瘤细胞的信号通路。

多种细胞外和细胞内信号在肿瘤细胞凋亡过程中起着重要作用。这些信号包括酪氨酸蛋白激酶（TPK）、环磷酸腺苷（cAMP）、磷脂酰肌醇（PI）、一氧化氮（NO）、一氧化氮合成酶（NOS）等。表皮生长因子受体（epidermal growth factor receptor，EGFR）与受体酪氨酸激酶（receptor tyrosine kinase，RTK）类似，负责调节细胞增殖。EGFR 的经典途径是 Erk（胞外信号调节酶）通路，通过 Erk 信号通路抑制 MT-1 人恶性乳腺癌细胞生长，降低 Erk 表达，抑制肿瘤细胞增殖。

（5）肿瘤细胞膜生化特性的改变。

细胞膜的生长特性对肿瘤膜蛋白与肿瘤细胞的黏附有很大的影响。任何细胞膜的生化特性都是维持细胞正常生理活动和功能所必需的。改变细胞膜磷脂含量的唾液酸转化可以杀死肿瘤细胞。因此，唾液酸含量的降低会使肿瘤转移、与肿瘤相关的抗原暴露、免疫反应细胞活化等。磷脂通过其酶转化为磷脂酰肌醇磷酸，参与致癌基因的激活和肿瘤的诱导。

（6）影响致癌基因。

癌基因通过基因融合、局灶扩增和易位等染色体改变被激活。癌基因和抑癌基因的研究为阐明肿瘤发生机制、开发基因治疗和抗肿瘤药物提供了有力的依据和靶点。参与抗肿瘤作用的基因包括 Bcl-2 家族、p53 家族、C-myc 等。Bcl-2 家族中抗凋亡基因有 Bcl-2、Bcl-xl、Bcl-w、Mcl-1 等。凋亡基因有 Bax、Bak、Bad、Bid、Bim 等。P53 是一种肿瘤抑制基因，C-myc 过表达会促进肿瘤细胞增殖。Bcl-2/Bax 比值的改变也可促进或抑制细胞凋亡。

2. 增强机体的免疫功能（间接抗肿瘤活性）

免疫系统在肿瘤进展中所起的作用非常重要，所以肿瘤免疫治疗被认为是癌症治疗的重要策略之一。虽然一些多糖可能对肿瘤细胞没有直接的抑制作用,但它们可能通过增强机体的免疫功能而具有抗肿瘤作用。因此,多糖的免疫调节作用被认为是其抗肿瘤作用的重要机制。多糖还能激活网状内皮系统(RES),清除老化细胞、异物和病原体。此外,它们还促进 IL-1、IL-2、TNF-α、INF-γ、NO 等的形成,调节体内的抗体并补充它们的形成,这些反应都能提高人体的抗肿瘤免疫力。多糖的间接抗肿瘤作用可通过以下途径实现:

(1)巨噬细胞的活化。

巨噬细胞是具有多种功能的重要免疫细胞,它们可以主动吞下并清除颗粒状的外来抗原或直接杀灭致病微生物,还可以分泌多种生物活性物质,几乎参与机体的所有免疫反应。多糖能刺激巨噬细胞,增强巨噬细胞的吞噬作用。它们还促进单核因子的产生和释放,激活淋巴细胞,从而激活肿瘤细胞的免疫反应。

(2)淋巴细胞的活化。

T 淋巴细胞和 B 淋巴细胞在细胞免疫和体液免疫中发挥重要作用。B 细胞产生抗体介导体液免疫,而 T 细胞诱导细胞介导免疫。实际上,B 淋巴细胞产生抗体,而 T 淋巴细胞帮助杀死肿瘤细胞并控制免疫反应。香菇多糖是从香菇的子实体中提取的 β-葡聚糖,是一种典型的 T 细胞激活剂。

(3)NK 细胞的活化。

NK 细胞是自然产生的非特异性免疫杀伤细胞。它们在血液中自由移动,裂解癌细胞和其他被病毒感染的细胞。

(4)促进抗体形成和补体活化。

补体是血液中具有原核活性的一系列蛋白,通过与抗体或吞噬细胞的协同作用来对抗病原微生物。

(5)促进细胞因子的分泌。

细胞因子(CK)在抗肿瘤作用机制中起着至关重要的作用。NO、IL-2、TNF-α、TNF-β、INF-γ 等细胞因子可激活肿瘤细胞的免疫反应,从而体现抗肿瘤活性。白细胞介素-2(IL-2)是由 T 细胞,特别是 CD4+T 细胞在抗原或丝裂原刺激下合成的。其他细胞如单核巨噬细胞、B 细胞、NK 细胞等也能产生 IL-2。IL-2 是一种天然存在的细胞因子,具有免疫调节和抗肿瘤作用。它调节淋巴细胞活化,活化巨噬细胞,参与特异性免疫和非特异性免疫。

(6)促进树突细胞的合成。

树突状细胞(DC)是抗原呈递细胞,也是免疫调节细胞。DC 可启动初始淋巴细胞介导的免疫应答。多糖可以通过诱导 DC 的聚集和成熟,从而诱发先天免疫应答和适应免疫系统。据报道 β-葡聚糖可以增强 DC 的抗原呈递功能,从而诱导肿瘤特异性细胞毒性 T 细胞。

(7)增强红细胞免疫力。

红细胞通过细胞膜上 C3b 受体(CR1)的免疫黏附功能将抗原异物运输到肝脏和脾脏,并将其清除。而红细胞膜的 C3b 受体具有簇状分布和多价性的特点,更有利于抗原性物质的结合和消除。因此,维持红细胞正常的免疫黏附可以有效地防止肿瘤的增殖。南瓜多糖可抑制 H22 细胞增殖,增强红细胞免疫吸附能力。红枣多糖可增强小鼠红细胞免疫功能,对细胞磷酰胺(cytophosphamide,CY)对红细胞免疫功能的抑制有明显的拮抗作用。

（五）抗糖尿病活性

食用纤维样多糖经常被认为可以预防糖尿病的发生。高膳食纤维的摄入可以改善葡萄糖代谢和控制高血糖的发生。食用黏性纤维可以减缓葡萄糖的吸收，从而防止血糖快速达到峰值。因此，高碳水化合物饮食加上富含纤维的饮食可以更好地控制血糖。此外，糖尿病患者血浆胆固醇水平的降低将在不提高血浆胰岛素或甘油三酯浓度的情况下实现。多糖还可以通过改变微生物群稳态和肠道屏障来影响糖尿病的发病机制。

已有研究证明具有降糖作用的植物多糖包括纤维素、蛋白质结合多糖、葡甘露聚糖、甘露糖瓜尔胶、果胶/果胶纤维、石竹碱和黏液纤维。这些多糖可以促进胰岛素分泌、碳水化合物消化和吸收。据报道，从植物和微生物中提取的低聚果糖可显著降低晚期糖基化终产物（AGEs）、糖尿、血浆甘油三酯以及极低密度脂蛋白。

在许多中草药中，多糖具有显著的抗糖尿病作用。β-葡聚糖和许多其他黏性植物多糖已被证明具有降低餐后血清葡萄糖水平的生理活性。这个效应被归因于这种聚合物具有形成不易搅拌的水层的能力，该水层能够抵抗肠道收缩的对流效应，从而减少了小肠对糖的吸收。许多研究还表明，植物多糖可以恢复胰腺组织的完整性，进而增加功能性胰岛 β 细胞释放的胰岛素量，从而降低血糖水平。这些多糖还被证实能够改善周围细胞对循环胰岛素的敏感性。

由胰岛素抵抗或脂肪细胞因子引起的糖尿病相关血脂异常是心血管疾病的主要危险因素。在糖尿病中，脂肪细胞具有胰岛素抵抗性，骨骼肌中胰岛素介导的游离脂肪酸摄取受损。因此，流向肝脏的游离脂肪酸循环会增加，导致甘油三酯合成和极低密度脂蛋白（VLDL）的合成增加。因此，糖尿病患者的血脂异常特征包括高甘油三酯血症。高血糖和低胰岛素也可能导致 VLDL 生成增加。糖尿病患者的脂联素减少能够增加肌肉对游离脂肪酸的吸收，降低血浆游离脂肪酸水平，这一机制与胰岛素抵抗无关。此外，高密度脂蛋白（HDL）也可能降低。不易消化的多糖也可以减少脂肪的吸收，部分原因是它能与消化食物中的脂肪分子结合，并增加脂肪的排泄。从大麦中提取的 β-葡聚糖，主要含有 β-(1,3-1,4)-D-葡聚糖，已被证明可以降低血脂水平，如胆固醇和甘油三酯水平。

（六）抗菌活性

β-葡聚糖已被证明可以通过激发广泛的抗感染作用来增强机体对感染的抵抗力。已证实 β-葡聚糖对金黄色葡萄球菌、大肠杆菌、白念珠菌、卡氏肺囊虫、单核增生李斯特菌、多诺瓦利什曼原虫和流感病毒等微生物具有抵抗作用。其他研究发现，全身 β-葡聚糖治疗可使中性粒细胞向炎症部位的迁移增加，并改善抗菌功能。

（七）伤口愈合活性

大多数器官或组织的伤口愈合分三个重叠的阶段进行。这些阶段包括炎症、增殖、重塑。在每个阶段，特别是第二和第三阶段，多个生长因子家族发挥着不同的重要和综合作用。人们对工程多糖支架结合和改善生长因子进行了大量的尝试，发现其对伤口修复的效果优于自由生长因子。巨噬细胞的活性在手术或创伤后的伤口愈合中起着重要的作用，动物和人体实验研究发现，β-葡聚糖治疗能够发挥诸如减少感染、降低死亡率和增强疤痕组织抗拉强度等作用。

第二节　氨基酸、活性多肽与活性蛋白质
（生物活性肽及其天然来源）

生物活性肽（bioactive peptides，BAPs）是一种特殊的氨基酸序列，其对身体功能和状况具有积极的影响，因此它们对人类生活的积极影响也被广泛研究。目前，Biopep 数据库已经报告了超过 3791 种不同类型的活性肽。生物活性肽通常是有机来源的，它们由氨基酸与肽键或酰胺键连接而成。它们不同于蛋白质，因为蛋白质是由分子量非常高的多肽组成的。BAPs 和蛋白质在生物体的代谢中起着至关重要的作用，它们具有激素和药物样作用，可根据其生物活性进行分类，如抗血栓形成、抗菌、阿片类药物、抗高血压、矿物质结合、免疫调节和抗氧化。

肽被释放出来后的活性是由氨基酸的组成和序列决定的。身体内的多个自然过程都受蛋白质特定氨基酸序列的控制。蛋白质可根据来源分为外源性和内源性。外源性蛋白质是通过外部来源获取的，而内源性蛋白质则是通过身体内不同过程产生的氨基酸形成的。来自各种自然来源的蛋白质因其营养和功能特性而受到认可。蛋白质的营养能力与其氨基酸残基有关，此外，在消化和吸收后特定氨基酸的生理摄取也与其相关；而蛋白质的功能特性与原料的物理化学特性相关。来自动物和植物的不同蛋白质都是多种生物活性肽的潜在来源，因为这些生物活性肽被编码在这些蛋白质的结构中。

许多生物活性肽具有一些共同的结构特征，比如肽残基的长度在 2~20 个氨基酸之间。在许多 BAPs 中，除了赖氨酸、精氨酸或脯氨酸基团外，还存在疏水氨基酸。BAPs 还表现出对消化肽酶活性的抵抗能力。

BAPs 现在被视为一类新的生物动态调节剂，能够防止食品氧化和微观降解。它们有潜力用于治疗多种医疗疾病，因此可以提高生活质量。在过去几年中，保健食品和功能性食品引起了相当大的关注，特别是因为它们对人类健康的影响以及在预防疾病方面的应用。因此，BAPs 在现代生物学中也获得了重要的地位。

BAPs 可以从几乎所有生物的蛋白质中释放出来，因此可以从蛋白质中获得的 BAPs 数量是无限的。这为那些反对特定组织来源产品的个人提供了选择。例如，对于不愿摄入动物来源活性肽的素食者，他们可以选择来自植物蛋白和真菌蛋白等不同来源的 BAPs。BAPs 已经成功地从多种天然来源中分离和鉴定，包括肉类、鱼类、胶原蛋白、乳制品、蛋类、植物、海洋和真菌资源。本章旨在详细介绍从这些来源获得的 BAPs。

常见的活性肽及其来源介绍如下。

多肽和蛋白质是食物中最重要的常量营养素，它们是蛋白质生物合成所必需的原料，也是重要的能量来源。它们还在新陈代谢和食物吸收过程中发生的一系列复杂的有机反应中起着至关重要的作用，这表明它们具有显著的营养重要性和多种生物活性。

BAPs 主要编码在生物活性蛋白中，它们是从动物、植物和其他天然产物等不同来源中发现和分离出来的。其中，牛乳、奶酪和其他乳制品是 BAPs 和生物活性蛋白的最大贡献者。除了这些 BAPs，还可以从其他动物来源如牛血液中获得，如明胶、鸡蛋、肉类等。BAPs 也

可以从植物和植物蛋白中获得，如玉米、大豆、蘑菇、南瓜、高粱、小麦和水稻等。在体内，由于某些酶（如胰蛋白酶或其他微生物酶）的酶促作用，编码的 BAPs 可以通过胃肠道（GI）消化分离出来。在体外，BAPs 可以在食品加工或成熟过程中通过微生物酶（如瑞士乳杆菌）释放。BAPs 和其他一些产品的水解产物已经被识别并从动物和植物中分离出来。

一、来自肉类的生物活性肽

从不同动物蛋白中分离出的 BAPs 具有一定的生物学效应。肉类副产品和肌肉蛋白是血管紧张素转换酶（ACE）抑制肽的理想来源，具有体外和体内生物活性，可用于高血压治疗。一项研究利用胃蛋白酶处理从猪肌肉中分离出两种新的 ACE 抑制肽。肽的序列为 KRQKYD 和 EKERERQ。KRQKYD 和 EKERERQ 对 ACE 抑制的 IC_{50} 值分别为 26.2 和 552.5 $\mu mol/L$。KRQKYD 按动物体重的 10mg/kg 口服给药于自发性高血压大鼠，给药 3~6h 后观察到暂时性降压活性。

在另一项研究中，研究者通过水解具有胃蛋白酶活性的猪骨骼肌蛋白，鉴定出一种降压肽。他们对得到的蛋白水解产物用不同的层析技术进一步纯化，然后鉴定肽序列为 KRVITY，测定该肽的 IC_{50} 值为 6.1 $\mu mol/L$。此外，他们还在大鼠体内研究了已确定的 KRVITY 肽和 VKAGF 肽的降压活性，这两种肽，尤其是 KRVITY，都能显著降低血压。

有研究从河豚中分离出一种新的 BAPs，它具有抑制脂质过氧化和自由基清除的作用，其抗氧化作用强于 α-生育酚；从蜂王浆中分离出的三种二肽，即 Arg-Try、Lys-Tyr 和 Tyr-Tyr，其中 Tyr 单元位于 C 端，具有很强的过氧化氢和羟基自由基清除作用；从奥地利鲭鱼（*Scomber austrasicus*）肌肉中也获得了高抗氧化肽；黄色条纹鱼（*Selaroides leptolepis*）肌肉的蛋白质水解可以通过黄酶释放出具有功能活性的生物肽。

在模拟肠道消化研究中，研究者利用胃蛋白酶和胰酶从猪肉中分离出 ACE 抑制肽。他们首先从消化液中获得蛋白质水解产物，然后用反相高效液相色谱（RP-HPLC）进一步纯化蛋白质，并采用基质辅助激光解吸/电离飞行时间质谱仪（MALDI-TOF/TOF MS）对其进行了表征。在这项研究中，他们评估了 22 种不同肽对 ACE 的体外抑制作用。其中 PTPVP 和 KAPVA 序列的生物活性最高，IC_{50} 值分别为 256.41 $\mu mol/L$ 和 46.56 $\mu mol/L$。

在一项研究中，研究者用高效液相色谱（HPLC）对鸡肉中分离得到的多肽进行纯化，并评价了这些多肽对次氯酸盐离子和过氧自由基的抗氧化能力，其中一种肽对过氧自由基表现出显著的抗氧化活性。该肽的氨基酸序列显示前 5 个氨基酸为 YASGR，对应于鸡 β-actin 的 143~147 号氨基酸。

从金枪鱼（*Thunnus obesus*）黑肌水解液中可分离出 ACE 抑制肽。研究者分别用碱性蛋白酶、中和酶、胃蛋白酶、木瓜蛋白酶、α-凝乳胰蛋白酶和胰蛋白酶处理肌肉制备水解液。在所有水解物中，胃蛋白酶水解表现出最大的 ACE 抑制能力。为此，从金枪鱼的深色肌肉中获得的肽可以作为治疗高血压和相关疾病的药物和功能食品的有用元素。

有研究利用商业酶从牛肉肌浆蛋白中分离得到序列为 FHG、DFHING、GFHI 和 GLSDGEWQ 的 4 种不同肽段，这些肽具有显著的抗高血压活性。它们对 ACE 抑制的 IC_{50} 分别为 52.9 $\mu g/mL$（FHG）、64.3 $\mu g/mL$（DFHING）、117 $\mu g/mL$（GFHI）和 50.5 $\mu g/mL$（GLSDGEWQ）。该研究还使用不同的菌株研究了这些肽的抗菌潜力，如大肠杆菌、单核增生李斯特菌、铜绿假单胞菌、金黄色葡萄球菌、鼠伤寒沙门菌和蜡样芽孢杆菌等。上述肽不仅对上述微生物中的至少一种具有抗菌活性，而且对致癌细胞具有细胞毒性作用。

有人在研究猪肝脏中 BAPs 的产生时发现，从猪肝蛋白水解物中可分离出两种潜在的 ACE 抑制剂，其 IC_{50} 值分别为 0.31mg/mL 和 0.18mg/mL。结论表明这两种肽都具有抑制 ACE、抗氧化，以及降低血压的特性。

血液是蛋白质的重要来源，也是 BAPs 的重要来源。因为血液的处理对肉类加工者来说是个大问题，所以血液中的"人血白蛋白"很少引起人们的注意。研究发现人血白蛋白能够通过胰蛋白酶的酶促作用进行水解，从而获得生物活性肽。这种活性肽具有 ACE 抑制活性、二肽基肽酶-4（DPP-Ⅳ）抑制活性和抗氧化活性。

综上所述，不同动物来源的肉是各种各样 BAPs 的重要来源，如哺乳动物、鸟类和鱼类等。从肉类蛋白和水解物中分离得到的 BAPs 具有广泛的生物活性，如抗高血压活性、抗氧化活性、抗菌活性和一定的酶抑制活性。

二、乳制品中的生物活性肽

在食物来源中，牛奶、乳制品和奶酪是 BAPs 和生物活性蛋白的主要来源。牛奶蛋白具有广泛的生物学能力，例如，乳铁蛋白（lactoferrin, Lf）具有抗菌活性，而免疫球蛋白具有免疫保护作用。初乳中存在少量激素和某些生长因子，它们在产后发育中起着重要作用。

牛奶蛋白富含 BAPs，这些肽在食品加工或胃肠道消化过程中被分离。研究发现从乳制品中分离出的阿片肽具有类似吗啡的药理特性，因此其与中枢神经系统（central nervous system, CNS）的一些问题有关。

采用高效液相色谱—质谱联用技术（HPLC-MS）和串联质谱联用技术（MS-MS）分别从早产儿和足月婴儿母亲的乳汁中分离出不同的 BAPs，分离出的多肽分子量各有不同，如阿片肽和磷酸肽。此外，从人乳中分离出的几种多肽证实，人乳比牛乳更易发生酪蛋白水解，从而强调了母乳对婴儿的重要性。

乳铁蛋白是所有哺乳动物的乳蛋白。它本质上是一种糖蛋白，以其铁结合特性而闻名。除了显著的铁结合特性外，它还具有抗菌和免疫调节能力。高血压受试者在食用含有 BAPs 的发酵奶后表现出血压降低。瑞士乳杆菌发酵乳含有 BAPs、Val-Pro-Pro 和 Ile-Pro-Pro，这些肽能够降低自发性高血压大鼠（spontaneous hypertension rats，SHR）的血压。有研究从发酵乳中分离出另外两种肽 Tyr-Pro 和 Lys-Val-Leu-Pro-Val-Pro-Gln，这两种肽在 SHR 中具有 ACE 抑制活性。

牛奶的乳清部分也富含 BAPs。在一项研究中，用胰蛋白酶水解乳清蛋白浓缩物，并通过超滤和纳滤膜分离获得肽。当浓缩物被明确切割时，从浓缩物中获得了非常大量的 β-乳球蛋白肽，还从牛奶蛋白的乳清部分分离出了抗高血压肽。乳清蛋白中的 α-乳清蛋白和 β-乳球蛋白通过酶促蛋白水解分别产生两种四肽：α-乳啡肽（Tyr-Gly-Leu-Phe）和 β-乳酸啡肽（Tyr-Leu-Leu-Ph），这些肽对 SHR 具有降低血压的作用。从牛奶中分离出的不同 BAPs 表现出广泛的生物学特性如抗癌、阿片类药物、矿物质结合、免疫调节、ACE 抑制、细胞毒性、抗血栓形成以及抗菌活性。BAPs 的天然性质取决于分离它们的牛奶蛋白的来源，例如从马、水牛、绵羊、骆驼、山羊和牦牛的乳蛋白水解物中均分离和鉴定出了不同的 BAPs。

驴奶因其营养和功能特性，在食品工业中是一种非常有用的产品。研究发现从驴奶中分离的内源性肽 GQGAKDMWR 和 EWFTFLKEAGQGAKDMWR 表现出抗氧化活性，另外两个序列为 REWFTFLK 和 MPFLKSPIVPF 的肽具有 ACE 抑制作用。

三、来自胶原蛋白的活性肽

结缔组织通过将肌肉与骨骼连接起来，将收缩的力量转化为运动。连接骨骼和肌肉的结缔组织被称为肌腱。纤维性胶原蛋白是肌腱的主要成分，细胞外基质中存在多种胶原蛋白。胶原蛋白是结缔组织的主要结构成分。所有胶原都含有胶原三螺旋，其主要是富含脯氨酸的三肽 Gly-X-Y。

明胶是一种可溶性蛋白质化合物，是胶原蛋白部分水解的产物。在一项研究中，从牛皮明胶水解物中分离出的 ACE 抑制肽，包括五种不同的蛋白酶，如 α 凝乳胰蛋白酶、碱性蛋白酶、链霉蛋白酶 E、中性蛋白酶和胰蛋白酶。水解产物经酶处理后进行超滤，最后用胶原酶处理，随后分离出两个具有良好 ACE 抑制活性的 BAPs。第一个肽段命名为 EⅢCⅢ，第二个肽段命名为 EⅢCⅣ，IC_{50} 值分别为 4.7μmol/L 和 2.55μmol/L。

鱼皮明胶经酶水解后释放肽，显示出强大的生物活性。它经胰蛋白酶水解释放肽，对 DPPH 和超氧阴离子有较强的抑制作用。胰蛋白酶水解释放出另一种特殊序列的肽 His-Gly-Pro-Leu-Gly-Pro-Leu，具有较强的自由基清除能力。

用米曲霉蛋白酶水解鸡胶原蛋白，可得到 ACE 抑制水解产物。随后的水解产物进一步用 4 种不同的蛋白酶（氨基 G、蛋白酶 A、蛋白酶 FP 和蛋白酶 N）处理，分离出 4 种具有 ACE 抑制潜力的不同肽，并测定其 IC_{50} 值。这些肽分别命名为 GAHypGLHypGP、GAHypGPAGPG-GIHypGERG、GLHypGSRGERGERGLHypG 和 GIHypGERGPVGPSG，IC_{50} 值分别为 29.4μmol/L、45.6μmol/L、60.8μmol/L 和 43.4μmol/L。本研究认为，低分子量鸡胶原蛋白水解物在体内具有持久的降压作用，可作为抗高血压药物。

鱼类多肽对细菌、病毒和真菌具有显著的生物活性，可作为免疫调节剂和抗肿瘤药物。最近，研究表明，几乎所有的鱼类抗菌肽对几种革兰氏阴性和阳性细菌都具有抗菌或抑菌活性。黄颡鱼的皮肤黏液中可分离得到一种新的 20 残基抗菌肽 pelteobagrin。

在一项研究中，研究者利用蛋白酶 ⅩⅣ型酶从鱿鱼（*Dosidicus gigas*）的胶原蛋白水解得到 BAPs，并通过超滤进一步纯化蛋白水解产物。超滤膜处理后，鱿鱼 BAPs 的抗氧化和抗诱变活性增强，但超滤后的抗增殖活性没有提高。在另一项研究中，研究者用芽孢杆菌蛋白酶处理鱿鱼皮中的胶原蛋白，得到水解产物。水解产物被进一步分离成三个肽片段，其中分子量最低的肽序列对 ACE 的抑制能力最强。

四、血红蛋白来源的生物活性肽

1971 年，第一个生物活性肽从血红蛋白（Hb）中获得。血红蛋白作为一系列多肽的起源而为人所熟知，这些多肽可以发挥各种各样的生物学作用。血红蛋白是一种四聚体蛋白，具有两个 α-和两个 β-球状链。每个球链都具有一个甲基，即血红素部分，在氧化还原反应和组织中基本充当氧载体。除了人类和啮齿类动物大脑和外周组织中的红细胞、α-和 β-球状链加密等组织外，人们已从血红蛋白变体中分离出许多具有重要生理功能的新型生物活性肽。

新京都肽作为一种生物活性肽，是 Hb 的一个球形链，在 C 端具有（137~141）序列，最初具有与左脑啡碱类似的镇痛作用。新京都肽（137~141）是从牛脑、大鼠心脏、肺和脑等不同来源分离出来的。此外，它还存在于冬眠的地鼠体内，并具有不同的生物作用。除血衍吗啡肽外，新京都肽还具有调节体温、调节抗菌作用、调节迷走神经对心脏的作用、保护癫痫患者免于惊厥、调节地鼠的脑功能以及在癌细胞和脂肪细胞中的增殖等作用。

京都肽是一种非阿片类物质，也是 Hb C 端（140~141）序列的球状链片段，是一种潜在的镇痛药，主要从牛脑、大鼠脊髓和大鼠脑等不同来源分离。到目前为止，其生物活性的靶点仍然未知。

在 GPI 生物测定中，由血红蛋白 N 端 β 球蛋白衍生的 BAPs，血衍吗啡肽，（Tyrr-Pro-Trp-Thr）主要减少电收缩。有研究从多种来源，如牛和人体组织中获得了延伸的血衍吗啡肽。研究发现，血衍吗啡肽对阿片受体具有拮抗作用。延伸型血衍吗啡肽-7 被认为是血管紧张素Ⅳ受体的强大配体。研究发现 LVV-血衍吗啡肽-7 通过抑制胰岛素调节氨基肽酶（IRAP）等肽酶对 BAPs 的降解提供保护，并通过腹腔注射使血压水平降至最低。此外，在超敏感大鼠中，LVV-血衍吗啡肽-7 有降低心率的作用。在失去知觉的大鼠中，它增强了缓激肽引起血压降低的作用。值得注意的是，LVV-血衍吗啡肽-7 在记忆和获取知识方面具有重要意义。与大鼠一样，通过注射 LVV-血衍吗啡肽-7，学习能力得到增强。研究认为 LVV-血衍吗啡肽-7 对其他焦点的作用不偏离，导致乙酰胆碱的传递，随后发生去极化效应，增强胆碱能分裂，导致推理水平提升。最后，LVV-血衍吗啡肽-7 的能力是为 IRAP 的表面提供安全性，然后阻断 IRAP 的作用，这与记忆和知识获取中的主要功能一致。

加压素（PVNFKFLSH）是从大鼠脑中提取的 BAP 片段。它具有（96~104）的序列，从血红蛋白的球形链中分离出来，具有抗伤害性和抗痛觉过敏的主要作用。加压素是许多不同金属肽酶的底物，如神经溶解素和寡肽。从血红蛋白 N 端被称为 RVD-Hp-α 和 VD-Hp-α 的球状链中可获得延伸的加压素。扩展 Hp 在大麻素的接受部位显示拮抗作用。

从牛血红蛋白 α-球蛋白中分离出（33~61）序列的肽段，对小嗜乳蝉的消化道有抗菌作用。研究认为其对黄体微球菌 A270 的作用最强，也可用于抗体的鉴定。

BAPs 来源于脊椎动物、白细胞和上皮细胞的 β 珠蛋白，在自然免疫中具有重要作用。另一种源自 α 链的 BAPs maginns 具有抗菌作用，其螺旋状结构有助于连接并可渗透到靶点。

五、来自蛋源的生物活性肽

鸡蛋是健康均衡饮食的重要组成部分。它由蛋白质组成，被认为是多种肽的来源，已被用于对抗糖尿病、微生物、氧化剂、高血压，并可作为免疫调节剂和矿物质黏合剂。蛋白质的水解可用于释放潜在的生物活性片段，这取决于具有各种药用价值的酶活性。

鸡蛋蛋白的水解已被证明可以产生抗氧化剂，可以在存在或不存在相关酶的情况下用于过氧化。主要从鸡蛋蛋白中释放的生物活性肽 KIVSDGNGM、Tyr-Ala-Glu-Glu-Arg-Tyr-Pro-Ile-Leu 和 VSDGNGM 由于其结构、疏水性和氨基酸单位强度而具有抗氧化特性。有研究采用氧自由基吸收能力、Trolox 等效抗氧化能力（TEAC）等方法测定了其抗氧化性能。

鸡蛋中含有的蛋白质具有药用价值，因为它们具有溶菌酶和卵转铁蛋白的抗菌作用。卵转铁蛋白（ovotransferrin，OVT），作为转铁蛋白的成员，是一种糖蛋白单体，仅由一条多肽链组成，含有 686 个氨基酸，被发现能够与铁结合。除了作为铁载体外，它还可以作为抗多种细菌的抗菌剂，保护市场上的食品或营养素免受污染。卵转铁蛋白和全铁卵转铁蛋白表现出与抗菌剂相同的生物作用，其抗菌作用可能不是由于其载铁能力，而是由于细菌细胞与蛋白质之间的相互作用。抗菌肽 ovotransferrin OTAP-92 也被应用于接近革兰氏阴性菌的膜，并被发现可引起细胞质膜的破坏，导致细菌死亡。另一种生物活性肽称为防御素，它与卵转铁蛋白在穿透细胞质或离子通道导致细菌破坏的肽序列方面有相似之处。

此外，在鸡蛋的不同部位，如白蛋白、卵黄膜和蛋壳中也释放出多种具有抗菌活性的 BAPs。这些多肽大部分具有极性和非极性区，通常被称为正电荷载体，但也存在具有疏水端的 α 螺旋链多肽，并在抗微生物作用中表现出显著的作用。然而，已经发现了多种结构和构型不同的肽类对抗菌活性有用。

从磷维素水解分离的生物活性磷肽的钙结合特性是由于它们形成螯合物的能力。磷酸肽存在于由多个磷酸丝氨酸单元组成的磷酸化蛋白中，有助于与钙有效结合，因此，其可增加钙进入体内，随后延缓不溶性磷酸钙的生成。

这表明，由于其潜在的有益生物活性，如抗肿瘤、抗血栓、抗菌和抗黏连性，蛋肽受到了相当大的关注。肽 IRW 具有抗糖尿病作用，在食品和营养中具有重要意义。蛋清被用作净化器，从酒精等饮料中分离固体颗粒或悬浮固体。生物活性肽，如溶菌酶，具有抗菌作用，因此用于保存食品。此外，蛋白及其片段作为一种多肽，因其健康开发价值在食品中越来越受到重视。

六、植物来源的生物活性肽

从蔬菜和植物中释放的 BAPs 因其对人类的益处而得到了广泛的分离、表征和研究。例如，从大豆种子或豆浆中提取的蛋白质中提取出不同的 BAPs，这些 BAPs 具有抗微生物的生物作用。另一种获得多肽的方法是内源性水解蛋白。从豆浆中提取的多肽是在食品加工过程中产生的。

一种被称为寡肽的 BAPs 主要利用大豆蛋白中许多不同的内源性蛋白，如胰蛋白酶、蛋白酶、葡聚糖蛋白酶、肾膜蛋白水解酶和血浆蛋白酶，水解大豆和大豆发酵产物（如豆豉和纳豆等）分离得到。纳豆通过链霉蛋白酶水解产生另一种肽，其生物学作用是血管紧张转换酶抑制剂。此外，它还具有表面活性剂的一些特性。

工业食品加工中会产生大量的废弃物。例如，橄榄油等油的生产会产生各种副产品，其中包括果皮和果核混合的固体产品，以及橄榄组织形成的液体物质。所有这些被称为污染物的副产品都不易腐烂，然而从橄榄种子中的蛋白质水解分离的多肽具有抗氧化和降压能力。

蔬菜和水果的加工会释放出大量的废物，其中一部分可用作饲料，但大部分是无用的。果核可被统称为种子，其富含具有生物活性的蛋白质，在医药和食品工业中被认为是低成本的 BAPs 的潜在来源。高强度聚焦超声已被用于提取废物中的蛋白质。有研究通过风味酶、热溶酶和碱性酶等酶水解这些蛋白质，产生具有抗氧化剂作用的肽，并对 ACE 具有抑制作用。其中经碱性蛋白酶水解产生的 BAPs 具有抗高血压和抗氧化活性。此外，其经碱性蛋白酶水解可释放 HNLPLL、HLPLLR、YLSF、DQVPR、LPLLR、MLPSLPK 和 VKPVAPF 等多种肽，具有更强的抗高血压和抗氧化生物学作用。

在墨西哥，玉米是一种高度生长的谷物，是一种富含蛋白质的谷物，有助于满足世界对蛋白质的需求。根据溶解度，蛋白质食品可分为盐溶性、水溶性、碱溶性和醇溶性。几项研究表明，玉米粒分解后会释放出含有蛋白质的副产品玉米蛋白粉，玉米蛋白水解产生的玉米肽（CPs）具有抗癌特性，特别是在抗乳腺癌方面。在 HepG2 细胞中，CPs 通过改善免疫系统，延缓致癌物的发生，从而促使细胞死亡，并被用作一种有效的抗癌剂。

大麦蛋白（hordein）被认为是大麦的主要副产品，它含有丰富的多种氨基酸，如 Tyr、Leu、Pro、Val、Phe 和 Glu，其中大多数以蛋白质或肽形式呈现抗氧化作用。大麦蛋白是一个由三个片段组成的复合体，包括富含硫的 B 族、缺乏硫的 C 族和分子量较大的 D 族，其中C 族被认为具有强大的抗氧化性能。酶水解是提高大麦蛋白抗氧化潜力的最有效方法。近年来，人们认为大麦中存在类似 lunasin 的肽，其具有有效的生物学作用，这促使研究人员在其他谷物中寻找和鉴定 lunasin 蛋白。目前，lunasin 主要存在于籽粒荚、大豆、黑麦和小麦等种子作物中。此外，在这些作物中还发现了除 lunasin 外的其他生物活性化合物。

燕麦因其食用价值和多用途特性被认为是一种众所周知的谷物。燕麦及其副产品已被用作治疗糖尿病和心脏病的辅助剂。在食物中，燕麦颗粒的存在使在胰岛 β 细胞发育、蛋白质合成和胰岛素分泌中起作用的基因更有效。有趣的是，在燕麦麸皮中也发现了类似 lunasin 的肽，并且这一类肽具有更强的抗氧化能力。

除了小麦，黑麦是制作面包最有用的原料，尤其是在欧洲，它被认为是重要的粗粮来源。在北欧，黑麦经常被用作主食。最近的数据表明，食用黑麦麸皮与降低诸如心脏病、糖尿病和癌症等退行性疾病的概率有关。除了作为粗粮，其含有的矿物质、不同的植物化学物质、维生素等也被认为是促进健康的化合物。类似 lunasin 的肽也存在于黑麦麸皮中，它们的浓度因黑麦品种而异。

在全球范围内，大米作为谷物被认为是一种基本食品，由于其营养价值和易消化的特性而具有重要意义。大米含有多种蛋白质，如谷蛋白、球蛋白、白蛋白和醇溶蛋白。脯氨酸蛋白片段在发展和改善抗白血病的免疫系统中具有潜在的应用价值。大米分离蛋白（rice protein isolate，RPI）对 7,12-二甲基苯 [a]-蒽致大鼠脑肿瘤具有抑制作用。

七、来自海洋生物的活性肽

海洋产品因其在生产生物活性物质方面的多样性而受到国际上的重视。从海洋生物中获得的多肽表现出新的医学进展前景。在一项研究中发现，从海洋物种中分离的 BAPs 可以作为潜在的离子通道阻滞剂，对细胞具有毒性作用，并具有抗菌作用。

海绵属于多孔动物门，由 1000 种从海洋表面延伸到海洋深处的杂类组成。从海绵中寻找具有生物活性的肽成为被关注的重点。四肽海兔毒素是从海绵中获得的第一种对细胞具有抑制作用的生物活性肽。发育盘皮蛋白 A-H 是一种 BAPs，从海绵属盘皮菌中分离得到，由13~14 个线性排列的氨基酸组成，通过环状酯形成环羧基末端与苏氨酸元素。这些 BAPs 的特征在于它们的细胞毒性能力，并用于针对人肺和 P388 啮齿类动物的癌细胞。在平滑肌细胞膜中，盘皮蛋白 A 可能起到渗透剂的作用。

来源于耳形 *Dolabella auricularia* 软体动物的线性和环状海兔毒素 BAPs 具有延缓细胞生长的能力。人们已经从软体动物中分离出大量的海兔毒素 BAPs。海兔毒素 10 是一种来源于软体动物的五肽，其在治疗癌症细胞系 P388 中已有相关的应用。此外，海兔毒素 10 还延缓了微管蛋白的聚合和依赖于微管蛋白的鸟苷-5′-三磷酸（GTP）的水解。另一方面，海兔毒素 11 诱导细胞的肌动蛋白丝的巨大排列，随后将细胞固定在细胞质分裂处，并且还引起越来越多的肌动蛋白聚合。与环缩肽（来源于海绵）相比，海兔毒素 11 对所研究细胞的细胞毒性是环缩肽的三倍。

八、来自真菌的活性肽

Penicilliumalgidum 是一种真菌，在水解作用中会释放出两种已知的环肽，即环蔷草肽 A 和环蔷草肽 D，以及环状硝基肽 psychrophilin D。生物学分析表明，它们在对抗癌症、疟疾、某些病毒和其他微生物方面具有生物活性。硝基肽 psychrophilin D 对鼠类的血液和骨髓癌 P388 显示了适度的作用，而环蔷草肽 A 和环蔷草肽 D 对由恶性疟原虫引起的疟疾也显示了适度的作用。

真菌释放出多种肽和环肽，如头孢菌素和青霉素。一种名为 emodepsin 的半合成脱氨肽也被称为脱氨肽，可能对动物寄生虫有用。不同肽的结构多样性显示了不同的生物作用，一种来源于真菌的肽称为胶［霉］毒素，在曲霉病中影响细胞，减缓它们的结合能力。此外，它还降低了免疫能力，并诱导受感染细胞的凋亡作用。

观察发现，来自 Apicidin F, chlamydocins 的 BAPs 具有对原虫的生物作用，并可以减缓细胞的生长以及抑制免疫能力，最终导致细胞死亡。除了上述特性外，这些肽还显示出抗疟疾的潜力。一种称为 aspergillicin 的脱氨肽可从真菌中获取，用于调节免疫系统。

环脱氨肽 stevastelins 具有一个脂肪代谢端。它能够抑制人类 T 细胞的活性，但在小鼠中具有较少的毒性作用。一种称为 verticilide 的环脱氨肽可从 *Verticillium* 属真菌中分离出来，可以降低瑞朵宁与受体的结合效果，作为对昆虫的生物制剂。从真菌中提取的环蔷草肽 A 和环蔷草肽 D 被认为是最有效的抗寄生虫生物制剂。

第三节　功能性油脂

生物分子，是存在于生物体中并参与各种生物过程（如发展、细胞分裂和形态发生）的分子。它们包括氨基酸、酶、碳水化合物（单糖、双糖、多糖）、脂肪酸、脂质、核苷酸、核酸（DNA、RNA）、组蛋白、酸性蛋白质、叶绿素、血红蛋白和细胞结构的其他成分。这些生物分子都是复杂的有机分子，构成了生命细胞的基本结构成分。

在生物分子中，核酸（DNA 和 RNA）具有独特的功能，它们携带一个生物体的遗传信息。这个遗传信息是由核苷酸序列组成的，控制着构成蛋白质的氨基酸序列。另一方面，蛋白质由 20 种不同的氨基酸组成，在细胞内执行各种功能。它们可以作为运输体，促进营养物质和其他分子的运输，作为酶催化化学反应，同时也是激素和抗体的组成部分。蛋白质还通过转录因子的方式影响基因活性。碳水化合物由碳、氢和氧构成，是细胞的重要能量来源和结构组分。它们是地球上最丰富的生物分子之一。

脂质是细胞内的另一种重要生物分子，具有多种功能，如作为储存能量的物质，参与信号转导中的化学信使作用，以及作为生物膜的重要组成部分。生物膜作为细胞与其环境之间的边界，可将细胞内部分隔开来，如真核生物中的细胞核和线粒体。

一、脂质和油

油、脂肪、类脂可被总称为脂质。脂质由基本元素碳、氢和氧组成。它们是脂肪酸和甘油组成的甘油三酯，是生命细胞的重要成分。甘油骨架和脂肪酸链的变化以及它们的自然修饰形成了各种形式的结构和功能脂质。这是最重要的生物活性分子之一，它们在极性溶剂中不溶，但在非极性溶剂（如醚和氯仿）中可溶。油通常是甘油与三个脂肪酸的酯衍生物。通常把常温下为液体的称为油，常温下为固体的称为脂肪。它们是能量、必需脂肪酸和脂溶性维生素的重要来源，具有与脂肪相互关联的倾向。下面将讨论各种类型的脂质和油。

（一）磷脂和糖脂

磷脂（$C_{38}H_{73}NO_{10}PN_a$）是含有疏水尾部（脂肪酸链）和亲水头部（磷酸酯基团）的两性分子。各种磷脂的出现是由于头基团、脂肪链和醇的变化。根据醇基团的存在，磷脂分为甘油磷脂和鞘磷脂。磷脂在脂质双层的合成、药物递送系统中，以及作为化妆品、生物医学工程和聚合物科学的组分等方面发挥着重要作用。

糖脂（$C_{32}H_{60}O_{14}$）是脂质的糖基衍生物，由一个或多个单糖单元通过糖苷键与疏水基团结合而成，如鞘烯醇、鞘脂和酰基甘油。糖脂在高尔基体中产生，并广泛分布于溶酶体、核膜、线粒体和内质网中。研究表明，糖脂在信号转导、细胞增殖和淋巴细胞程序性死亡等细胞内活动中发挥调节作用，这些作用是通过鞘脂介导的。神经节苷脂通过与钙离子结合帮助突触传递。

（二）胆固醇和类固醇

胆固醇（$C_{27}H_{46}O$）是一种有机分子，可在所有动物细胞中生物合成。它是细胞膜、胆汁酸、类固醇激素和人脑的重要组成部分。它对脑细胞（神经元和神经胶质）的正常发育至关重要，也是突触和树突形成所必需的。胆固醇缺乏会导致突触和树突棘退化，降低突触可塑性，并导致神经传递失败。

类固醇（$C_{27}H_{45}OH$）是由动物、植物和真菌细胞中的固醇甾醇或环顺醇合成的有机化合物（来自胆固醇的亲脂性），其又可被称为甾类化合物和类甾醇。它是某些激素（肾上腺皮质激素和性腺激素）、胆酸和甾醇的主要成分。甾类化合物被用作抗炎药、麻醉药、抗生素、抗哮喘药、抗癌剂和避孕药物。

二、植物来源的活性油脂

植物被认为会产生与它们的生长和繁殖间接相关的各种物质。这些物质被称为次级代谢产物。植物衍生的具有复杂化学结构的活性脂肪和油脂是一类次级代谢产物。这些植物衍生的脂肪和油脂在生态上具有重要的功能，可以保护植物免受有害微生物和食草动物的侵害。此外，据报道它们还具有除草、强抗氧化和抗菌活性。大部分植物衍生的脂肪和油脂以脂肪醇的形式存在。脂肪醇是通过酯交换反应过程产生的。酯交换是指一种脂肪或油脂与醇反应形成酯或甘油的过程。下面将讨论一些重要的生物活性植物衍生脂肪和油脂。

（一）紫苏醇

紫苏醇或 POH（$C_{10}H_{16}O$）是一种在薰衣草、薄荷、胡萝卜、留兰香、樱桃、鼠尾草和蔓越莓植物中提取的精油中天然存在的物质。传统上，POH 在清洁和家居产品、化妆品和香水中被使用。它具有治疗胶质母细胞瘤和预防化疗药物的潜力，主要用于兽医临床中治疗肺癌、乳腺癌、胰腺癌、结肠癌和皮肤癌。

（二）香叶醇

香叶醇（$C_{10}H_{18}O$）是一种无环单萜醇，它是两种异构体的混合物，分别为香叶醇（反式）和橙花醇（顺式）。棕榈油中富含香叶醇，而橙花醇主要从橙花中获得，它具有拒食特性和害虫防治剂的生物活性。此外，它有可能抑制寄生虫对人畜共患疾病的生长，还显示出对胰腺癌和其他癌症的化疗活性。

（三）α-蒎烯

α-蒎烯（$C_{10}H_{16}$）是一种双环化合物，俗称松油精，分布于多种药用植物和针叶树中。蒎烯具有驱虫特性，可保护植物。此外，α-蒎烯已在制药工业中用作抗氧化剂、抗炎药、抗生素、支气管扩张剂、降血糖剂、抗溃疡剂和胃保护剂。

（四）萜品烯-4-醇

萜品烯-4-醇（$C_{10}H_{18}O$）是一种次生代谢产物，主要存在于从茶、柑橘、橙子、黑胡椒和一些蔬菜等芳香植物中提取的精油中。它是一种最有效的成分，显示出抗真菌、杀菌、抗肿瘤、抗癌和抗螨的潜力。

（五）莰烯

莰烯（$C_{10}H_{16}$）是一种双环单萜化合物，易挥发，可溶于常见的有机溶剂，主要存在于姜、菊花、枫香、迷迭香等植物的精油中，通过控制高脂血症在预防心血管疾病方面具有巨大潜力。

（六）α-檀香醇

α-檀香醇（$C_{15}H_{24}O$）是从檀香油中提取的一种天然的倍半萜（疏水醇）植物化学物质。它具有抗癌、抗炎和抗高血糖的生物学活性。

（七）β-榄香烯

β-榄香烯（$C_{15}H_{24}$）是一组存在于芳香植物油中的天然化合物，如从莪术中提取的姜黄油，被归类为倍半萜。由于存在三个不饱和键，它具有多种生物活性，如抗血管生成活性、抗增殖、抗肿瘤作用和耐多药耐药性。

（八）丁香酚

丁香酚（$C_{10}H_{12}O_2$）被认为是从丁香芽和叶中提取的丁香精油的酚类化合物和核心成分（70%~90%）。它在农业领域用作杀虫剂和熏蒸剂，以保护食品在储存过程中免受单核细胞增多性李斯特菌和乳酸杆菌的侵害。此外，丁香酚具有抗氧化、抗炎、抗癌和保护DNA损伤的生物活性。

（九）β-石竹烯

β-石竹烯（$C_{15}H_{24}$）是一种挥发性化合物，也是双环倍半萜的一员，是香料和食用植物精油的主要成分，如肉桂、罗勒（*Ocimum* spp.）、丁香（*Syzygium aromaticum*）、黑胡椒

（*Piper nigrum L.*）、大麻（*cannabis sativa L.*）、薰衣草（*Lavandula angustifolia*）和迷迭香。它具有抗癌、抗炎、抗菌、镇痛和抗氧化的生物学潜力。

（十）柠檬醛

柠檬醛（$C_{10}H_{16}O$）是一种天然存在的化合物，含有脂肪醛，是柠檬草油的主要成分（80%），也存在于柑橘类水果中。柠檬草是这种油的主要商业来源。它被广泛用作抗炎、防腐剂、洗涤剂、胭脂红、抗菌、利尿和刺激中枢神经系统。此外，柠檬醛还能抑制大鼠前列腺肿瘤的生长。

（十一）侧柏酮

侧柏酮（$C_{10}H_{16}O$）是一种含有酮的双环单萜化合物，存在 α-侧柏酮和 β-侧柏酮两种异构形式中，天然存在于艾草油中（40%~90%）。侧柏酮对大脑有毒，可抑制引起肌肉痉挛和抽搐的 GABA 受体的激活。

（十二）球姜酮

球姜酮（$C_{15}H_{22}O$）是一种膳食化合物，据报道，球姜酮在姜科姜属植物的根茎油中占76.3%~84.8%. 它具有多种生物医学特性，如抗癌活性、抗增殖、抗氧化和抗炎。

（十三）薄荷醇

薄荷醇（$C_{10}H_{20}O$）是一种被称为薄荷樟脑的环状单萜醇，其在从烟草、玉米薄荷和薄荷等芳香植物中提取的油中含量丰富。它具有多种生物活性，如抗炎、抗癌、抗菌、熏蒸剂、镇痛、止痒和镇咳作用。薄荷醇也被用于杀虫剂、糖果、化妆品、洗发水和口香糖中，作为一种降温和增味的成分。

三、动物来源的活性油脂

动物来源的活性油脂主要包括鱼油、鱼肝油、鲸脂等。这些油脂富含 ω-3 脂肪酸、维生素 A 和维生素 D 等营养成分。鱼油是从鱼类身体的脂肪组织中提取的，特别是富含脂肪鱼类如鲑鱼、金枪鱼和鳕鱼。它被广泛用作补充剂，具有降低心脏病风险、改善关节健康、促进大脑功能等好处。鱼肝油则是从鱼的肝脏中提取的，富含维生素 A 和维生素 D，有助于维持健康的免疫系统和骨骼发育。鲸脂是从鲸类体内的脂肪组织中提取的，富含饱和脂肪酸，常用于化妆品和皮肤保养产品中。这些动物来源的活性油脂在人类健康和美容领域发挥着重要的作用。

四、油脂的生物学作用

（一）结构性骨架作用

脂类被认为是生物体内合成的活性分子。它通过多种信号通路和构成脂质双层的主要成分发挥作用。如果脂质代谢发生任何干扰，可能会导致生物途径中的紊乱，与癌症、代谢性疾病和神经系统疾病相关。脂肪和油脂是甘油与三个脂肪酸酯化而成的物质，其根据双键的顺式或反式位置形成不同的脂肪酸。脂肪在室温下为固体，而油脂通常为液体。脂肪酸是一种简单的脂质，由长链羟基烃（R）和羧酸基团（RCOOH）组成。自然界中存在两种类型的脂肪酸，即饱和脂肪酸和不饱和脂肪酸。饱和脂肪酸含有单键，并具有生物学作用，包括在结肠中刺激氯离子和碳酸氢盐的排泄，促进结肠细胞增殖和黏液产生，并对结肠中的腐生菌生长进行调控。不饱和脂肪酸的碳氢链中含有两个或更多的双键，对生物体具有很大的活性潜力，存在于植物油中，具有抗过敏性质，并被用于化妆品、医学和药学领域。油酸可以增加 HDL/LDL 胆固醇比例并减少血小板。

磷脂被认为是在人体中同时发挥结构和功能作用的生物分子。质膜中最多的磷脂是磷脂酰胆碱或卵磷脂（60%~70%），其次是鞘磷脂（10%~20%）。血浆中的次要磷脂是磷脂酰丝氨酸（1%~2%）和磷脂酰肌醇（1%~2%）。磷脂酰胆碱在蛋白质合成、胆固醇稳态、分泌和三酰甘油储存中发挥重要作用。

糖脂存在于所有原核细胞和真核细胞中，被认为是一种两亲性分子和异质性膜结合化合物。它是质膜的重要组成部分，具有信号受体、细胞聚集或解离以及免疫反应等多种功能。

（二）脂蛋白

脂蛋白（LP）是一类在血浆中运输胆固醇的结构和功能多样的脂蛋白颗粒。脂蛋白是脂质和蛋白质在血液中循环的形式，它包含胆固醇酯（60%~70%）和三酰甘油，被认为是脂质的运输形式。

高密度脂蛋白（HDL）是常见的分布在体内的脂蛋白，具有抗氧化、抗动脉粥样硬化、抗炎、调节血管、抗血栓形成的特性，载脂蛋白 B 被认为是动脉粥样硬化心血管疾病的重要脂质之一。胆固醇和甘油三酯被认为是脂质的关键成分，临床上血浆脂蛋白水平的升高或降低可能会因浓度异常而导致高脂血症或低脂血症。高密度脂蛋白（HDL）被认为是良好的胆固醇，它是由于胆固醇含量低而蛋白质含量多形成的致密脂蛋白。高密度脂蛋白在肝脏和肠道中产生，它将胆固醇从细胞带回肝脏。

低密度脂蛋白（LDL）由胆固醇、甘油三酯和蛋白质组成，被认为是坏胆固醇，因为其高水平会导致心血管疾病的发展。极低密度脂蛋白（VLDL）含有甘油三酯、一些胆固醇分子和较少的蛋白质，由于脂质含量高，其密度较低，并负责甘油三酯向体内细胞的运输。

乳糜微粒是一种脂蛋白，由于甘油三酯较多，蛋白质较少，性质致密，负责将脂质分子从肠道输送到体内细胞。

第四节　维生素与矿物质

营养素分为两大类：宏量营养素和微量营养素。宏量营养素是身体所需的大量营养素，而微量营养素是身体所需的微小量营养素。碳水化合物、蛋白质和脂质等宏量营养素提供了人体结构和代谢活动所需的分子，而微量营养素（维生素和矿物质）对于身体的正常功能至关重要。微量营养素的需求取决于个体的代谢活动和生命周期。即使在子宫内，微量营养素的需求对胎儿的正常发育也是必不可少的，特别是维生素 D、碘、铁和叶酸缺乏可能导致先天性疾病甚至死亡。尽管许多科学论文已提及各种维生素和矿物质的每日建议摄入量，但这些微量营养素的日常需求并非固定不变。诸如体育锻炼、怀孕、儿童期、青春期、老年或特定饮食（如素食）等因素均能影响机体对微量营养素的需求。因此，充分了解微量营养素需求的评估以及微量营养素缺乏的后果对于解释它们在健康和疾病中的作用至关重要。

强化食物是增强营养的最有效和最安全的策略之一。例如，母乳喂养可以被视为一种强化食品，这对 2 岁以下婴儿的健康成长至关重要。微量营养素在降低疾病风险和保持良好健康方面发挥着重要作用。此外，微量营养素和维生素对体内所有分裂细胞的正常功能和增殖也至关重要。均衡饮食可提高身体对感染的抵抗力，有助于保持良好的健康状态。在疾病的情况下，均衡饮食可以成为治疗的有效手段。营养物质可以提供人类无法合成的基本分子。当维生素和矿物质的需求量很小（<100mg/d）时，被称为微量营养素。这两类重要的微量营养素如图 2-13 所示。

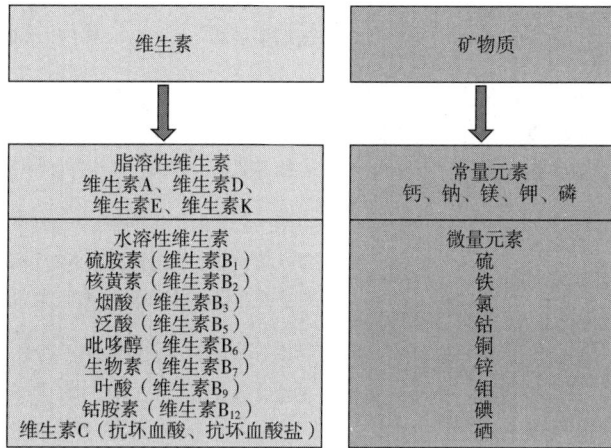

图 2-13　微量营养素的分类

一、微量营养素的健康作用以及其缺乏的风险

尽管与常量营养素一样重要，但人体对微量营养素需求量较少（毫克或微克）。它们在身体的健康发展中发挥着至关重要的作用，例如，一些维生素在许多代谢过程中起辅助因子或辅酶的作用。锌等微量元素有助于改善免疫功能，铁等矿物质可以预防贫血等。由于身体无法合成微量营养素，人体所需的微量营养素只能从饮食中获得，如果供应不足，就有可能因出现短缺而导致无数的疾病。例如，维生素 A 缺乏会导致失明，叶酸缺乏的孕妇可能会生下有神经管缺陷的婴儿，碘缺乏会导致胎儿大脑发育不良。此外，微量营养素缺乏会增加感染风险，并导致更多的微量营养素不足。

二、维生素

维生素是身体正常功能和发育所必需的物质。维生素有两类，即脂溶性维生素和水溶性维生素（图 2-13）。已知的维生素包括维生素 A、维生素 C、维生素 D、维生素 E 和维生素 K，以及 B 族维生素：硫胺素（维生素 B_1）、核黄素（维生素 B_2）、烟酸（维生素 B_3）、泛酸（维生素 B_5）、吡哆醇（维生素 B_6）、氰基钴胺素（维生素 B_{12}）、生物素（维生素 B_7）和叶酸（维生素 B_9）。

（一）脂溶性维生素

如前所述，维生素可分为水溶性维生素或脂溶性维生素。脂溶性维生素对身体的平稳运转至关重要，它们的不足与几种健康障碍有关（表 2-5）。脂溶性维生素 A、维生素 D、维生素 E 和维生素 K 的推荐日摄入量（RDA）分别为 8000～1000μg/d、8000～5000μg/d，8～10μg/d 和 70～140μg/d。

表 2-5 脂溶性维生素的分类、功能及来源

维生素名称	功能	来源
维生素 A	视力、生长发育、免疫功能繁殖、红细胞形成、皮肤和骨骼形成	动物产品，如母乳、腺肉、肝脏和鱼肝油、蛋黄、全脂牛奶和其他乳制品；红棕榈油、绿叶蔬菜（如菠菜、苋、西兰花）、黄色蔬菜（如南瓜、南瓜和胡萝卜）、黄色和橙色非柑橘类水果（如芒果、杏子和木瓜）、红辣椒、红薯等
维生素 D（活性形式：1,25-二羟基维生素 D）	维持骨骼健康、肌肉和神经收缩以及身体所有细胞的一般细胞功能	由胆固醇样前体（7-脱氢胆固醇）暴露在阳光下在皮肤中制成，或者可以在饮食中预先形成，如强化牛奶、奶酪和谷物等饮食；蛋黄、鲑鱼等食物中也存在
维生素 E（α-生育酚）	抗氧化剂、血管形成和增强免疫功能	维生素 E 的良好膳食来源包括坚果，如杏仁、花生和榛子，以及植物油，如向日葵、小麦胚芽、红花、玉米和豆油。此外，葵花籽和绿叶蔬菜，如菠菜和西兰花也含有维生素 E
维生素 K	有助于凝血、骨代谢和调节血钙水平	K_1：绿叶蔬菜，如菠菜、西兰花；大豆、油菜籽和橄榄的植物油；花生、玉米、向日葵和红花 K_2：动物肝脏、奶酪等发酵食品、发酵大豆（日本纳豆）、肠道菌群

1. 维生素 A

维生素 A 是 1913 年发现的第一种脂溶性维生素。β-胡萝卜素可在肝脏中转化为维生素 A。它可以在感染的情况下保护眼睛，并有助于在昏暗的光线下提高视力。维生素 A 与视蛋白结合，在视网膜杆细胞中形成视紫红质。当维生素 A 水平不足时，眼睛由于缺乏视紫红质，在昏暗的光线下很难看清物体。维生素 A 还参与上皮和腺体的生理功能以及正常细胞分化，支持骨骼生长和免疫功能。维生素 A 是油溶性的，每 6 个月以掌状视黄醇的形式给学龄前儿童服用。全世界学龄前儿童维生素 A 缺乏症的患病率为 33.3%，而非洲估计为 44.4%。在埃塞俄比亚，每年约有 80000 人死于维生素 A 缺乏，该国学龄前儿童维生素 A 缺乏症的患病率为 61%。

维生素 A 缺乏会导致视力障碍、干眼症、比托斑（球结膜上可见三角形、泡沫状、粗糙和凸起的斑块）、角膜软化（角膜厚度软化）、毛囊角化过度、厌食、生长迟缓、呼吸道和肠道感染以及髓鞘变性。过量的维生素 A 可能导致恶心、呕吐和厌食。维生素 A 在体内的功能包括：上皮组织的发育和维持、皮肤的支撑、视觉清晰度的维持（在光线减弱的情况下）、骨骼发育和免疫力。维生素 A 的来源包括：绿叶蔬菜、发芽谷物和豆类、肉类、鱼类、绿色芒果、木瓜、南瓜、黄色水果和蔬菜，其他来源有鸡蛋、菠菜、卷心菜、胡萝卜、苋、角肝油、鱼肝油、肝脏或大比目鱼肝油。

2. 维生素 D

维生素 D 最著名的用途是控制血液中磷和钙的浓度。这种抗脊柱侧凸的维生素有多种形式。目前人们分离出 4 种结晶 D 族维生素，并且已知至少 10 种前维生素 D。对人类来说，大

部分维生素 D 来自动物或在阳光照射后合成。维生素 D_2 是将麦角甾醇暴露在紫外线下而形成的。维生素 D_3 是鱼油中的天然维生素 D，暴露在阳光下后在人和动物的皮肤中形成。它可以通过照射 7-脱氢胆固醇而形成。维生素 D_2 和 D_3 被称为维生素单体。维生素 D 可以增强磷和钙从肠道的吸收以及它们在骨骼中的沉积。维生素 D 的来源包括暴露在阳光下、肝脏、鸡蛋、黄油、奶酪、鱼肝油、强化食品、牛奶和人造黄油中。维生素 D 还刺激骨骼的正常矿化，并增加磷酸盐的管状重吸收。维生素 D 还具有抗氧化活性，衰老会降低皮肤产生维生素 D_3 的能力。70 岁后，成年人的维生素 D 水平降至正常值的 25% 左右。

维生素 D 缺乏会影响骨骼发育。在儿童中，维生素 D 缺乏会导致软骨病，这是一种骨骼在压力下退化和弯曲的疾病。在成年人中，维生素 D 缺乏会导致骨软化（软骨头），从而增加骨折的风险。

3. 维生素 E

维生素 E 是一种抗不孕因子和天然抗氧化剂。维生素 E 的结构相关名称包括生育酚或生育三烯酚。它与伤口的愈合和免疫力有关。维生素 E 的来源包括小麦胚芽油、坚果、谷物、肉、蛋、牛奶、绿叶蔬菜和其他蔬菜。维生素 E 缺乏在人体内与囊性纤维化、共济失调和表脂蛋白血症（干扰食物中脂肪和脂溶性维生素的正常吸收的疾病）以及实验室动物的习惯性流产和睾丸变性有关。此外，维生素 E 缺乏会导致早产儿红细胞溶血和大细胞贫血症的增加。过量服用维生素 E 会干扰维生素 A 和维生素 K 的利用，延长凝血酶原形成时间，引起肠道过敏、头痛、疲劳和头晕。

4. 维生素 K

维生素 K 的主要功能是在肝脏中形成凝血酶原以及其他维生素 K 依赖性凝血因子，即：Ⅶ、Ⅸ、Ⅹ、蛋白质 C 和 S，这些因子对正常凝血或凝血至关重要。它存在于新鲜的绿叶蔬菜、生菜、卷心菜、蛋黄、大豆油和肝脏中。

我们的身体也可以通过肠道的正常菌群产生自己的维生素 K。早产儿在出生时肌肉注射 $0.5 \sim 1mg$ 维生素 K 或口服 $1 \sim 2mg$ 维生素 K，可防止维生素 K 缺乏。维生素 K 缺乏可导致全身出血、新生儿出血性疾病的发展以及成人凝血时间延长。过量服用维生素 K 会导致婴儿高胆红素血症和成人呕吐。

（二）水溶性维生素

水溶性维生素（包括硫胺素、核黄素、吡哆醇、烟酸、生物素、抗坏血酸和泛酸，表 2-6）的 RDA 分别为 $1mg/d$、$1.2mg/d$ 和 $2 \sim 2.2mg/d$，13mg 当量、$100 \sim 200\mu g/d$、$60\mu g/d$ 和 $4 \sim 7mg/d$。

表 2-6　水溶性维生素的分类、功能及来源

维生素名称	功能	来源
维生素 B_1（硫胺素）	参与能量代谢的几种酶的辅因子，在大脑代谢中发挥核心作用	牛肉、肝脏、奶粉、坚果、燕麦、橙子、猪肉、鸡蛋、种子、豆类和叶
维生素 B_2（核黄素）	将碳水化合物转化为葡萄糖以产生能量，中和自由基，因此起到抗氧化剂的作用	植物性食品和动物来源，即家禽、肉类、鱼类和乳制品，如鸡蛋、牛奶和奶酪；绿色蔬菜，如羽衣甘蓝、萝卜以及优质蛋白质

续表

维生素名称	功能	来源
维生素 B_3（烟酸）	有助于降低低密度脂蛋白胆固醇，降低患心血管疾病的风险，缓解关节炎	动物性食物，如瘦肉、家禽和肝脏；花生酱是烟酸的极好来源；其他有用的来源包括全谷物、面包茶、咖啡、玉米（甜玉米）
维生素 B_5（泛酸）	泛酸是辅酶 A 的关键成分，辅酶 A 是一种在许多酶促过程中携带酰基的辅因子，也是酰基载体蛋白中磷酸泛乙烯的关键成分	花生酱、肝、肾、花生、杏仁、麦麸、奶酪和龙虾。绝大多数膳食泛酸以辅酶 A（CoA）或磷酸泛酰疏基乙胺形式存在
维生素 B_6（吡哆醇）	作为调节基本细胞代谢的各种生化反应的关键辅助因子	维生素 B_6 最丰富的来源包括鱼类、牛肝和其他器官肉类、土豆、淀粉类蔬菜和水果
维生素 B_7（生物素）	生物素是一种水溶性维生素，是人体内 5 种羧化酶的辅酶。它有助于将食物转化为葡萄糖，用于能源生产。它还有助于产生脂肪酸和氨基酸（蛋白质的组成部分）。生物素激活发根和指甲中的蛋白质/氨基酸代谢	主要存在于蛋黄、杏仁、红薯、蘑菇、花椰菜中
维生素 B_9（叶酸）	有助于 DNA 复制、维生素和氨基酸的代谢以及细胞的正常分裂。孕妇服用叶酸有助于降低新生儿脊柱裂（神经管缺陷）的风险	天然存在于深绿色叶菜、菠菜中，也见于肝脏、鳄梨、爪爪果、柑橘、蜂蜜和花生
维生素 B_{12}（氰钴胺）	在细胞代谢中发挥重要作用，特别是在 DNA 合成、甲基化和线粒体代谢中。它有助于大脑功能和红细胞的合成	维生素 B_{12} 天然存在于肉类（尤其是肝脏和贝类）、鸡蛋和奶制品等食物中
维生素 C（抗坏血酸）	维生素 C 的一个重要特性是其抗氧化活性。维生素 C 具有激活酶、减少氧化应激和免疫功能。维生素 C 的抗氧化活性有助于预防某些疾病，如癌症、心血管疾病、普通感冒、与年龄相关的肌肉变性和其他疾病	维生素 C 在许多天然来源中含量丰富，包括新鲜水果和蔬菜。抗坏血酸最丰富的来源包括印度醋栗、酸橙、橙子和柠檬等柑橘类水果，番茄，土豆，木瓜，青辣椒和红辣椒，奇异果，草莓和哈密瓜，西兰花等绿叶蔬菜，强化谷物及其果汁也是维生素 C 的丰富来源。维生素 C 的另一个来源是动物。它们通常会合成自己的维生素 C，并高度集中在肝脏中

1. 维生素 B_1

硫胺素或维生素 B_1 是水溶性的，并作为已知的焦磷酸硫胺素的辅酶发挥作用。焦磷酸硫胺素参与碳水化合物代谢，焦磷酸硫胺素也参与一磷酸己糖的分流。它的缺乏会导致一种被称为脚气病的疾病，这种疾病经常在吃精米的人群中出现，因为在精米加工过程中，含有这种维生素的种皮被去除了。脚气病有三种类型：干脚气病、湿脚气病和婴儿脚气病。硫胺素是糖消化的辅助催化剂，对心脏、神经和肌肉的功能是必需的。维生素 B_1 的来源包括未磨碎的燕麦、小麦胚芽、甜菜、坚果、肉、小扁豆、土豆、猪肉、鸡蛋、家禽、干豆、青豆、豆类、绿色蔬菜。硫胺素缺乏可导致脚气病、多发性神经炎、精神紊乱、共济失调或韦尼克—

科尔萨科夫综合征。过量会导致心动过速、偏头痛或烦躁不安，这是一种睡眠障碍。

2. 维生素 B_2

维生素 B_2 又被称为核黄素，是一种黄色结晶物质。其存在于谷物、牛奶、鸡蛋、肝脏、燕麦和绿色蔬菜中。它参与组织呼吸，其衍生物是 FAD（氧化态的黄素腺嘌呤二核苷酸）和 $FADH_2$（还原态的 FAD）。$FADH_2$ 在电子传输链中提供两个 ATP。FAD 和 $FADH_2$ 参与氧化还原反应。在 TCA 循环中获得一个 $FADH_2$。它们在 α-酮戊二酸脱氢酶和琥珀酸脱氢酶复合物中起辅酶的作用。

维生素 B_2 的缺乏会导致一种被称为核黄素缺乏症的疾病。核黄素缺乏症的特征是唇裂（口腔周围皮肤的纹理性脱屑）、舌炎（闪闪发光的红色和疼痛的舌头）、嘴唇酸痛、眼睛障碍和畏光症（光敏性）、鼻子油性皮肤、阴囊皮炎等。

3. 维生素 B_3

维生素 B_3（烟酸）是一种水溶性维生素，对人类饮食必不可少，但可以在体内由色氨酸合成。它的缺乏会导致一种被称为疥疮的疾病。它存在于一些谷物、酵母提取物和肉类中。在体内，烟酸被转化为 NAD（烟酰胺腺嘌呤二核苷酸）辅酶。这些辅酶参与氧化还原反应。它们作为异柠檬酸脱氢酶、α-酮戊二酸脱氢酶和苹果酸脱氢酶的辅酶复合体。烟酸具有降脂作用，可以使用在糖尿病的治疗中。

4. 维生素 B_5

它是 B 族维生素的一员。作为脂肪酸合成酶和辅酶 A 的一部分，它参与荷尔蒙生成和能量产生。泛酸缺乏的患者可能会出现肾上腺功能不全、肠炎或皮肤病（脱发、皮炎等）。

5. 维生素 B_7

生物素也被认为是 B 族维生素的一员。它有助于脂肪酸的合成、葡萄糖的利用、蛋白质的代谢以及维生素 B_{12} 和叶酸的利用。生物素缺乏或过量的影响仍然未知。它的来源包括青豆、蛋黄、深绿色蔬菜、肾脏和肝脏等。

6. 维生素 B_9

叶酸是一种水溶性维生素，存在于绿叶蔬菜、水果和肝脏中。转化后，维生素 B_9 或叶酸变成四氢叶酸，它是合成核酸（DNA 和 RNA）的重要分子。叶酸缺乏会导致神经管缺陷，因此孕妇应该接受叶酸补充剂作为一种预防方法。叶酸缺乏也会导致巨幼细胞性贫血，并需要与维生素 B_{12} 缺乏症进行鉴别诊断，维生素 B_{12} 缺乏也会引起巨幼细胞型贫血。

亚甲基四氢叶酸参与胸苷的合成，胸苷是 DNA 的重要组成部分。神经管缺陷在母亲怀孕期间叶酸缺乏的儿童中很常见。甲基维生素 B_{12} 介导同型半胱氨酸产生合成髓鞘所需的氨基酸甲硫氨酸的反应。在这个过程中，甲基四氢叶酸也被转化为四氢叶酸。甲基四氢叶酸的正常生成取决于叶酸和维生素 B_{12} 的充足供应。它们中任何一种的缺乏都会在所有组织中产生快速细胞增殖速率的缺陷，如骨髓（导致巨幼细胞性贫血）和胃肠道。维生素 B_{12} 缺乏症患者服用大剂量叶酸可以缓解贫血，但不能通过增加组织对维生素 B_{12} 的需求来治愈，甚至可能加重神经系统缺陷。

7. 维生素 B_{12}

维生素 B_{12}（氰钴胺）是一种水溶性维生素，存在于肉类、乳制品、鱼类和鸡蛋中。它对骨髓正常产生红细胞和神经细胞的生长至关重要。维生素 B_{12} 缺乏会导致巨幼细胞性贫血，并产生髓鞘损伤、神经功能缺陷（共济失调、神经病变），甚至痴呆等神经精神症状。素食饮食中维生素 B_{12} 含量经常不足。

8. 维生素 C

维生素 C（抗坏血酸）是一种可溶于水的结晶固体。大多数动植物可以合成抗坏血酸；然而，灵长类动物和人类缺乏葡萄糖酸内酯氧化酶，这是抗坏血酸合成最后一步的关键酶。因此，在这些物种中，每天所需的维生素 C 主要来自饮食。橙子、柠檬、葡萄柚、绿叶蔬菜和牛肝是维生素 C 的最佳来源。维生素 C 是形成胶原蛋白所必需的，胶原蛋白能增强结缔组织的强度，也是伤口愈合和正常免疫功能所必需的。维生素 C 缺乏会导致结缔组织的变化，导致坏血病的发展，这是一种合成的胶原蛋白不稳定的疾病。坏血病的症状包括肌肉疼痛、关节肿胀和出血。维生素 C 作为抗氧化剂和自由氧自由基清除剂，可局部用于皮肤疾病，包括光老化引起的皮肤疾病。维生素 C 还可以治疗皮肤色素沉着过多，即抑制参与黑色素合成的黑色素细胞的活性。

三、矿物质

矿物质是无机元素，不能在体内合成，但可以从饮食中获得。它们天然存在于土壤和水中。有些对生物体是必不可少的，而有些则毒性很大。植物从环境中吸收大量的矿物质，通常沿着食物链将其传递给动物。缺乏具有重要营养作用的矿物质通常是致命的。矿物质是身体的关键元素。它们是人体内重要生物分子的构建和功能所必需的。尽管矿物质不是体内的能量来源，但它们是维持体内正常生化过程所必需的。根据身体需求，这些必需矿物质可分为常量元素和微量元素。

（一）常量元素

常量元素是营养上重要的矿物质，如钠、钙、磷、镁和钾。它们被归类为常量元素，是因为成年人的平均每日需求量大于 100mg/d。

1. 钙

钙是从硬水、贝类、鱼类、深绿叶蔬菜和牛奶中获得的，它是一种矿物质，对充分生长和骨骼发育至关重要。它是在血液中发现的一种常见矿物，因为细胞需要足够量的钙来执行各种功能，如牙齿和骨骼富含钙，血液凝固也需要钙的参与。大部分钙存在于骨骼中。总的细胞外液空间含有约 900mg 的钙，其与骨架处于动态平衡。约 1% 的骨骼钙（10g）可以与细胞外液中的钙交换，并构成钙库。剩下的 99% 的骨钙只能缓慢地交换。在一个持续的重塑过程中，每天有近 500mg 的钙沉积在骨骼中并从骨骼中交换出来。钙通过胆汁、胰液和肠道分泌物分泌到肠道中，但被完全重新吸收。随着血液中钙水平的降低，骨骼开始释放钙，从而增加钙血症。当血液中的钙水平升高时，它会沉积在骨骼中或通过尿液排出。钙参与神经功能、肌肉收缩和血液凝固。它在血液中的水平是由甲状旁腺激素和降钙素维持的。每日建议的钙摄入量为 1g/d。维生素 D 与身体吸收钙有关。钙的缺乏会导致软骨病、骨质疏松症和骨软化症。破伤风的发生也可能是血液中钙的缺乏所导致的。低钙血症的原因包括慢性肾功能衰竭、磷酸盐治疗等。血液中钙的过量会导致肾结石的发展。

2. 钠

钠存在于大多数食物中，其饮食缺乏是罕见的。钠参与血液的控制。氯化钠是最常见的钠形式，以食盐的形式出售。肾脏是体内钠的主要调节器官，通常98%的体内钠通过尿液排泄。如果摄入更多的钠，其在尿液中的排泄量就会增加。如果摄入较少的钠，或者由于任何原因导致血浆钠下降，钠可能会从尿液中完全消失。这通常是通过肾上腺皮质激素醛固酮来实现的，醛固酮会增加肾小管对钠的再吸收。血液中钠水平升高定义为高钠血症，其特征是癫痫发作、水肿、神经肌肉兴奋性、易怒、虚弱和嗜睡。

3. 镁

镁是从硬水、香料、杏子、香蕉、大豆、坚果、绿叶蔬菜和全谷物中获得的。它有助于维持骨骼生长和完整性，并参与心脏周期的调节以及肌肉和神经的功能。身体镁元素缺乏主要表现为低镁血症和神经肌肉过敏。镁元素过多症状包括低血压、呼吸衰竭和心脏紊乱。

4. 钾

钾主要是从全脂和脱脂牛奶、肉、香蕉、葡萄干和梅干中获得的。适当的血浆钾水平对正常的心脏功能至关重要。钾离子参与骨骼肌纤维的正常功能，许多酶反应需要钾，同时糖原生成也需要钾的存在。胰岛素给药会导致血浆钾水平下降，因为胰岛素引起的糖原沉积也伴随着钾的沉积。此外，胰岛素还增加了细胞内的蛋白质合成，通过结合钾离子可以导致低血浆钾水平。钾缺乏会导致低钾血症、瘫痪和心脏紊乱。钾水平过高会导致高钾血症、瘫痪和心脏紊乱。

5. 磷

它是从豆类、坚果、谷物、鱼类、肉类、奶酪和家禽中获得的。磷参与骨骼和牙齿、ATP、GTP和UTP的形成。它是DNA和RNA的一种成分，也存在于磷脂中，并形成细胞膜的一部分。肾功能衰竭可发生高磷酸盐血症。

（二）微量元素

顾名思义，微量元素是人体日常代谢过程中所需的微量矿物质。它们被视为微量元素，是因为它们的每日需求量应低于100mg，高于100mg可能对健康有害。然而，这些微量元素中任何一种的缺乏都会导致严重的健康问题。微量元素包括铁、铜、锌、碘、锰等（表2-7）。

表2-7　微量矿物质的种类、功能和来源

种类	功能	来源
铁（Fe）	有助于形成将氧气输送到红细胞、黄素蛋白和其他酶所需的血红素蛋白	铁广泛分布于内脏肉、红肉（30%~70%为血红素铁）、蛋黄中；其他来源有豆类、干果、深色多叶绿色、富含铁的面包和谷物、强化谷物、鱼家禽贝类
铜（Cu）	许多酶的一部分，包括金属酶；红细胞形成、结缔组织所需	高铜食物包括肝脏、肾脏、贝类、全谷物和坚果。通过铜管的软水或酸性水也会对饮食中的铜产生影响
锌（Zn）	它在细胞介导的免疫、骨骼形成、组织生长、大脑功能、胎儿和儿童的生长中发挥主要作用；它在某些皮肤病的发病机制中也有作用	肉类、鱼类、家禽、牡蛎、发酵全谷物、蔬菜

种类	功能	来源
碘（I）	生长发育、代谢、生殖、甲状腺激素生产	海鲜、富含碘的土壤中生长的食物、碘盐、面包、乳制品
硒（Se）	抗氧化剂；硒是免疫系统正常运作所必需的，并且似乎是抵抗毒力发展和抑制艾滋病毒发展为艾滋病的关键营养素；它是精子运动所必需的，可以降低流产的风险	谷物、海鲜和肉制品是硒的最丰富来源，是每日硒摄入量的主要来源，而蔬菜、水果和饮料通常也含有硒
铬（Cr）	铬是一种抗氧化剂；它也有助于降低糖尿病患者的胰岛素抵抗	铬的膳食来源包括啤酒酵母、奶酪、猪肾、全谷物面包和谷物、糖蜜、香料和一些麸皮谷物；瘦牛肉、牡蛎、鸡蛋和火鸡都是铬的来源
锰（Mn）	它激活许多酶，如水解酶、转移酶、激酶和脱羧酶，是某些酶的组成部分；锰还与维生素 K 一起在凝血和止血中发挥作用	锰存在于各种各样的食物中，包括全谷物、蛤蜊、牡蛎、贻贝、坚果、大豆和其他豆类、大米、叶菜、咖啡、茶和许多香料，如黑胡椒
氟（F）	它参与骨骼和牙齿的形成；有助于预防蛀牙和龋齿	饮用水（含氟或天然含氟）、鱼和大多数饮料，以及口腔牙膏
钼（Mo）	作为至少 4 种酶的辅因子：亚硫酸盐氧化酶、黄嘌呤氧化酶、醛氧化酶和线粒体酰胺肟还原成分	豆类、坚果、面包和谷物、绿叶蔬菜、牛奶、肝脏

1. 铁

铁来源于绿叶蔬菜、干果、豆类、豌豆、蛋黄、红肉、肾脏和肝脏。铁是人体中含量最丰富的微量元素之一，对生命至关重要。作为血红蛋白和肌红蛋白的一种成分，它参与血液和组织之间的氧气转移。在大多数细胞中，铁作为参与氧化还原反应的酶的成分存在。婴儿出生时，体内会积聚大量的铁（246mg）。这种铁的储存取决于母亲在怀孕期间的铁摄入量。对铁的最大需求是在怀孕的最后 3 个月。孕妇发育中的胎儿每天需要 20～30mg 的铁。饮食中的铁有血红素和非血红素两种形式。血红素具有较高的生物利用度，可在肉类、鱼类、家禽和牛奶中发现。在植物产品中发现不同程度的非血红素。缺铁会导致低色素性微细胞贫血。减少铁吸收的因素包括手术切除上小肠、胃大部切除、慢性感染、盐酸缺乏和抗酸治疗、磷酸盐和草酸盐过量、腹泻和吸收不良。在铁摄入量不足、失血或铁需求增加的情况下，体内的铁沉积会耗尽，并发生贫血。症状包括面色苍白、虚弱、易怒、口角裂、心脏杂音和消化不良。铁过量会导致肝硬化、皮肤色素沉着和血色素沉着症的发展。

2. 氯化物

氯化物的来源包括玉米面包、薯片、绿橄榄和动物产品。氯化物是维持血液成分和形成盐酸所必需的。它调节酸碱平衡和渗透压。缺乏症状包括碱中毒和婴儿发育不良。毒性症状包括细胞外体积增加和高血压。

3. 钴

肠道细菌合成钴。它参与维生素 B_{12} 的形成。它以 1～2mg 的量储存在体内。肝脏储存的钴足够作为羟钴胺和甲基钴胺储存 3~4 年。每日所需量为 2~3μg。

4. 铜

它是从器官肉、坚果、干豆类、全谷物和谷物中提取的。在食物中，它以铜络合物的形式存在，并由于胃液的酸性 pH 而在胃中释放。它参与骨形成和造血。它在小肠中主要通过扩散吸收，少量使用载体吸收。在体循环中，铜与白蛋白结合，到达肝脏，并结合到铜蓝蛋白中，铜蓝蛋白分布到组织中。铜通过粪便、尿液、皮肤、头发和指甲中的胆汁排出。它通过白蛋白转运，并与铜蓝蛋白结合。它是某些酶的一部分，如铁氧化酶、过氧化氢酶、细胞色素氧化酶和酪氨酸酶。它是红细胞生产所必需的。铜蓝蛋白等含铜蛋白质有助于胃肠道对铁的吸收。铜缺乏会导致低色素性贫血。铜中毒表现为肝豆状核变性。

5. 锌

它是从肝脏、肌肉、牡蛎、谷物和豆类中获得的。婴儿每天需要 5mg，儿童每天需要 10mg，成人每天需要 35mg。它是金属酶的组成部分，能够使细胞生长和增殖、性成熟和生育。它能提高免疫力、食欲和味觉。铁和铜减少了它的吸收。锌缺乏是罕见的，常见于肾脏疾病患者和酗酒患者。缺锌儿童的生长发育迟缓。锌中毒症状包括胃肠道疾病和免疫功能下降。

6. 硅

它是从坚果、谷物和茶叶中提取的。它是酶所必需的，如琥珀酸脱氢酶、精氨酸酶和葡糖基转移酶。它也是合成软骨形成所必需的硫酸软骨素所必需的。它具有稳定 DNA 和 RNA 的作用。它在人体中的总含量约为 15mg，每日所需量为 4~10mg。它通过胆汁和胰液排出体外。它的缺乏会导致骨形成缺陷，并导致葡萄糖不耐受、脱发、头发变红和皮炎。毒性症状包括中枢神经系统功能异常。

7. 氟化物

它是从海鲜、蔬菜、谷物、茶、咖啡和氟化水中获得的。它对骨骼的矿化、牙齿抛光剂的开发和龋齿的预防是必要的。龋齿可以通过水的氟化和在牙膏中添加氟化物来预防。氟盐可以以滴剂、片剂和漱口水的形式给儿童服用。毒性表现为导致氟牙症。

8. 碘

碘的来源包括海产品、碘盐、鸡蛋、奶制品和水，它是身体正常生长发育的基本元素。碘是甲状腺激素形成所必需的。碘缺乏症发生在近 26 亿人身上，不同程度的碘缺乏影响着全球约 5000 万儿童。碘不能储存在体内，需要终生少量摄入。碘强化食盐可以长期作为一种有效的干预措施。碘缺乏会导致甲状腺肿的发展。碘的每日推荐摄入量为 40μg/d。它也被用作防腐剂，作为聚维酮碘形式的皮肤消毒剂。

9. 硒

硒是一种矿物质，对结肠癌、癌症和其他可能的恶性肿瘤具有抗肿瘤作用。它也是一种天然抗氧化剂。食物中硒的含量取决于在食物生长的土壤中发现的硒含量，它是从动物和植物产品中获得的。硒最丰富的食物来源包括鸡肉、谷物、蛋和乳制品等。它参与金属酶和蛋白质合成的活性，防止肝坏死，刺激胰脂肪酶分泌，并参与 ATP 的产生。硒缺乏会导致溶血性贫血、肌肉坏死和心肌病。过量的硒会导致毒性皮炎、脱发，并在呼吸中散发出大蒜味。

第五节　植物活性成分

植物体内的物质除水分、糖类、蛋白质类、脂肪类等必要物质外，还包括其次生代谢产物（如萜类、黄酮、生物碱、甾体、木质素、矿物质等）。这些物质对人类以及各种生物具有生理促进作用，故名为植物活性成分。植物活性成分大多是源自植物的天然活性单体，这些单体因其功效明确和安全性高的特点而广受关注。

一、多酚类化合物

多酚类化合物是所有酚类衍生物的总称，主要包括酚酸和黄酮类化合物。黄酮类化合物，又称类黄酮或生物类黄酮，是一类广泛分布于植物界的多酚类化合物，其在绿茶、各类有色蔬菜和水果、豆类、药食两用植物等含量丰富。常见的多酚类化合物包括大豆异黄酮、槲皮素、黄芩素、芦丁、银杏黄酮等。

（一）大豆异黄酮

大豆异黄酮（soybean isoflavones）属于黄酮类化合物，因其来源于植物且与雌激素结构相似，故又被称为植物雌激素。该化合物是大豆生长中产生的一类次级代谢产物，研究表明其具有多种生理活性作用：①长期摄入豆类制品能够降低心血管疾病的发病率；②发挥弱雌激素的作用，如通过提高骨密度从而预防妇女骨质疏松的发生；③清除体内的自由基，发挥抗氧化作用；④对于乳腺癌、前列腺癌和结肠癌等癌症具有一定防治作用。

（二）槲皮素

槲皮素（quercetin）是一类在自然界中分布广泛的、具有多种生理活性作用的黄酮醇类化合物，其又名槲皮黄素、栎精、槲黄酮和五羟黄酮。该类化合物在许多植物的种子、果实、花、叶、芽和茎皮中广泛存在。

槲皮素生理活性作用主要包括：抗氧化、抗血栓、抗肿瘤、抗病毒、抗炎、止咳、祛痰、平喘、镇痛、改善糖尿病并发症等。

（三）黄芩素

黄芩素（baicalein）因其主要来源为黄芩而得名，它是黄芩中含量最丰富的黄酮化合物之一。此外，在并头草的叶和根、紫葳科植物木蝴蝶的种子和茎皮、车前科植物大车前的叶中也可提取出黄芩素。

黄芩素不仅毒性作用极低，它还表现出多种生理活性作用。

（1）降低脑血管阻力，改善脑血循环、增加脑血流量及抗血小板凝集。

（2）抗炎、抗变态反应。

（3）抗菌作用。

（4）抗氧化作用。

（5）降血糖作用。

二、萜类化合物

萜类化合物（terpenoids）是指由两个或两个以上异戊二烯单元组成，且通式符合

$(C_5H_8)_n$ 的烃类化合物。萜类化合物在高等植物中广泛存在，一般主要以挥发油的形式存在，具有强烈的香气和生物活性。该类化合物的主要来源包括伞形科、松科、芸香科、菊科、杜鹃花科、桃金娘科等。萜类化合物一般可分为半萜、单萜、倍半萜、二萜、二倍半萜、三萜、四萜和多萜八类（表2-8）。

表2-8 萜类化合物的分类

分类	碳数	$(C_5H_8)_n$	来源
半萜	5	1	植物油
单萜	10	2	挥发油
倍半萜	15	3	挥发油
二萜	20	4	树脂、苦味质、植物醇
二倍半萜	25	5	海绵、植物病菌
三萜	30	6	皂苷、树脂、植物乳汁
四萜	35	7	植物胡萝卜素
多萜	>40	>8	橡胶

（一）薄荷醇

薄荷醇属于环类单萜，其分子式为 $C_{10}H_{20}O$，其主要通过天然薄荷原油提取获得。因其特有的香气，薄荷醇广泛用作牙膏、饮料、香水和糖果等的香味剂。在医学中，薄荷醇常被用作刺激类药物，应用于皮肤或黏膜，起到清凉止痒的作用。

（二）d-苧烯

d-苧烯属于单环单萜，又称萜二烯，在柑橘类的果皮中含量丰富，此外在米糠油、大麦油、棕榈油、橄榄油和葡萄酒中也均含有该类化合物。d-苧烯可溶于水，能够在消化道中被完全吸收，代谢速度快。研究证明它也具有一些生理活性作用。

（1）通过抑制合成胆固醇限速酶的活力，从而抑制胆固醇合成。

（2）显著减少动物乳腺癌的发生数量。

（3）抑制重要细胞蛋白的异戊二烯基化，阻止该蛋白在细胞膜上的传导信号，从而阻碍肿瘤细胞的发展进程。

（三）青蒿素

青蒿素属于倍半萜内酯化合物，分子式为 $C_{15}H_{22}O_5$，又被称为黄花蒿素，主要是从复合花序植物黄花蒿叶中分离提取得到的一种无色针状晶体。青蒿素是目前公认的治疗疟疾耐药性最好的药物之一。近年来多项研究还表明青蒿素具有抗菌、抗病毒、抗炎、抗肺纤维化、免疫调节、抗糖尿病、抗肿瘤、治疗肺动脉高压等多种生理活性作用。

（四）柠檬苦素类化合物及柠檬烯

柠檬苦素类化合物是一组三萜的衍生物，在芸香科植物中含量丰富，也是构成柑橘汁苦味的主要成分之一。它们在成熟的果实中主要以葡萄糖衍生物的形式存在，其中在葡萄籽中的含量最高。该类化合物结构上的主要特点是 D 环上带有呋喃，它们能够抑制由苯并芘诱导的肺癌和皮肤癌的发生。

柠檬烯属于单环单萜，又被称为苧烯，是一种不溶于水，具有柠檬味的液体。柠檬烯在饮料、口香糖、香水、香皂等生产中经常被用作调味剂。研究表明该类化合物表现出一定的抗癌作用，例如饲喂柠檬烯能够明显降低实验动物乳腺癌的发生，显著减少致癌剂诱发的肿瘤数量，以及阻碍胃癌前病变和肺癌的发病进程。

三、有机硫化合物

有机硫化合物是指一类分子中含有碳硫键的有机化合物，通常以不同的形式存在于水果和蔬菜等植物中。在有机硫化合物中，有两种形式的代表化合物具有明显的生理活性作用，它们分别是异硫氰酸盐和葱蒜中的有机硫化合物。

异硫氰酸盐（isothiocyantes，ITC）主要存在于西兰花、卷心菜、菜花、球茎甘蓝、荠菜和小萝卜等十字花科蔬菜中，通常表现为葡萄糖异硫酸盐缀合物的形式。异硫氰酸盐最主要的生理活性作用是抗癌，如对实验动物的肝、肺、小肠、食管、乳腺、膀胱和结肠等组织的癌症均具有一定的防治作用。

葱蒜中也含有较多的有机硫化合物，如大蒜中的二烯丙基硫化物、大蒜精油中的二烯丙基硫代磺酸酯（大蒜辣素）、二烯丙基三硫化合物、二烯丙基二硫化合物等。这些化合物同样表现出抑制肿瘤、抗病毒、降血脂、降胆固醇、预防动脉粥样硬化等生理活性。

四、有机醇化物

（一）植物甾醇

甾醇包括植物甾醇、动物甾醇和菌类甾醇三类，其主要以环戊烷全氢菲为骨架。植物甾醇主要是存在于植物种子中的，可分为谷甾醇、豆甾醇和菜油甾醇等，而动物甾醇主要指的是胆固醇。菌类甾醇主要存在于蘑菇中，如麦角甾醇。

植物甾醇在结构上与胆固醇非常相似，在机体内的吸收方式与胆固醇相同，但其吸收率明显低于胆固醇，仅有 5%~10%。植物甾醇的主要活性是调节胆固醇的吸收、异化，从而起到降低血液中胆固醇含量的作用。

（二）六磷酸肌醇

六磷酸肌醇（inositol hexaphosphate）是由 6 个磷酸离子和肌醇构成的一种天然化合物。它主要存在于米、玉米、燕麦、青豆和小麦等天然的全谷物中。该类化合物具有广泛的生理活性作用：①抑制肿瘤的生长速度、减少肿瘤的体积；②清除体内自由基，减少自由基对细胞的危害；③预防动脉粥样硬化的发生；④降血脂，减少肾结石的产生，以及保护心肌细胞。

五、皂苷类化合物

皂苷（saponins）又名皂素，是生物界中结构较为复杂的一类苷类，它们大多是三萜类化合物的低聚糖苷或螺甾烷及其生源相似的甾族化合物。皂苷类化合物主要存在于陆生高等植物中，如甘草、桔梗、远志、人参、柴胡和知母等中草药，此外在海星、海参等海洋生物中也少量存在。

皂苷类化合物常见的生理活性作用包括改善记忆、抗氧化和清除自由基、保护心血管系统、抗肿瘤、促进伤口愈合，以及抗糖尿病等。

六、类胡萝卜素

类胡萝卜素（carotenoid）是属于类萜化合物的一类重要天然色素的总称，以 β-胡萝卜素和 γ-胡萝卜素为主。β-胡萝卜素具有改善机体维生素 A 功能的作用，当机体维生素 A 缺乏或者不足时，β-胡萝卜素可以部分代替其发挥提高免疫力、防治干眼症和治疗夜盲症的作用。作为维生素 A 原，β-胡萝卜素还被证明是体内非常重要的脂溶性抗氧化物质，具有清除羟自由基、单线态氧、过氧自由基和超氧自由基的作用。此外，一些诸如叶黄素、番茄红素、玉米黄质和辣椒红素等类胡萝卜素也被报道具有生理活性作用。

（一）叶黄素

叶黄素（lutein）属于类胡萝卜素的一种，是具有多重生物活性作用的天然植物色素，具有"植物黄金"的美誉。天然叶黄素主要是通过工业方法从万寿菊中的叶黄素酯提取和皂化获得。

叶黄素具有保护视力、预防白内障、抗氧化、抗癌、延缓动脉硬化等多种生理活性。

（二）番茄红素

番茄红素（lycopene）属于常见的类胡萝卜素之一，是成熟番茄的主要色素，它还在西瓜、葡萄柚、番石榴、胡萝卜等水果蔬菜中广泛存在。

番茄红素因分子结构中含有长链多不饱和烯烃分子，具有较强的清除自由基和抗氧化能力。此外，番茄红素还具备保护心脑血管、保护皮肤、增强免疫力，以及降低胃癌、直肠癌、结肠癌和食管癌等消化道癌症发病率的多重生理活性作用。

（三）辣椒红素

辣椒红素（capsanthin）又名椒红素、辣椒红，是从成熟的红辣椒果实中提取出的一种类胡萝卜色素。辣椒红素主要生理作用包括如下 3 点。

（1）刺激胃液的分泌，增强肠道的蠕动，从而发挥改善食欲、促进消化的作用。

（2）缓解疼痛、促进机体的新陈代谢。

（3）促进人体前列腺素的分泌和胃黏膜再生，防止胃溃疡的发生。

第六节　微生物类功效成分

在食物中添加活微生物的概念并不新鲜。发酵牛奶早在公元前 2500 年就被苏美尔人用作止咳药。公元前 76 年，罗马历史学家普利纽斯讨论了肠胃炎和使用发酵乳制品治疗肠胃炎的问题。在 20 世纪，Metchnikoff 和 Tissier 等几位研究者介绍了口服活微生物治疗腹泻，并通过改变肠道微生物群来减少肠道中的毒素产生菌的数量。发酵产品，如啤酒、面包、葡萄酒、开菲尔酒、马奶酒和奶酪，数十年来也常被用于改善营养和治疗相关疾病。胃肠道维持着广泛而高度活跃的免疫系统，肠道中的微生物共同起着保护这种微环境的作用。这些内源性微生物群落有助于身体的代谢功能，并有助于复杂的黏膜和系统免疫调节回路的发育。它们保护胃肠道（GIT）免受外源微生物的定植，并防止病原体对肠道黏膜的潜在入侵。因此，肠道菌群的任何改变都可能导致微生态失调。这种微生态失调与不同的重要病理有关，目前正在实施许多旨在重建和恢复肠道生态系统平衡的治疗策略，其中功能性食物的概念是对抗肠道微生态失调策略的例子之一。益生菌、益生元及其组合（合生元）的给药有助于置换这些潜在的致病菌，并有助于恢复微生物群落的平衡。噬菌体治疗和粪便移植等新的治疗方法也在研究中。然而，所有这些策略都有一个共同的目标，即恢复肠道微生态系统（用更有利的微生物取代病原体）。

一、益生菌

"益生菌"一词源自希腊语，意为"生命"。益生菌是非致病性活生物体，当给予足够的量时，将对宿主产生有益影响。1953年的Kollath是第一个使用这个术语的人。他声称，不同的有机和无机补充剂可以恢复营养不良患者的健康。1954年，科学家Ferdinand Vergin使用了这个词，他在研究抗生素和类似物质对肠道微生物群的影响时发现了益生菌对肠道微生物群落的有益影响。1962年，Lily和Stillwell在《科学》杂志上发表了一篇文章，他们在文章中增加了益生菌的定义："一种微生物分泌的刺激另一种微生物生长的物质。"Parker在1974年将"益生菌"描述为不仅是微生物，也包括有助于肠道微生物平衡的"其他物质"。1989年，Roy Fuller从定义中删除了"其他物质"，从而重新定义了益生菌。他表示，益生菌是"活的微生物饲料补充剂，通过改善宿主动物的肠道微生物平衡对其产生有益影响"，益生菌的这一定义是当今使用的定义的基础。如今，美国食品药品监督管理局（FDA）和世界卫生组织（WHO）将益生菌定义为：益生菌（probiotcis）是指活的微生物，当给予足够的量时，会为宿主带来健康益处。

（一）益生菌的分类和选择标准

益生菌按属、种和品系分类。菌株的命名很重要，同一物种会有不同的菌株，因此对健康的影响也不同。益生菌使用时还应考虑剂量，因为较高剂量的益生菌并不总是意味着它比较低剂量的益生菌具有更大的健康益处。这些益生菌包含许多不同的微生物，如表2-9所示。

表2-9　常见益生菌

菌属	菌种
	acidophilus
	plantarum
	rhamnosus
	paracasei
	fermentum
Lactobacillus spp.	*reuteri*
	johnsonii
	brevis
	casei
	lactis
	delbrueckii gasseri

续表

菌属	菌种
	reve
	infantis
	longum
	bifidum
Bifidobacterium spp.	*thermophilum*
	adolescentis
	animalis
	lactis
Bacillus spp.	*Bacillus* spp.
Streptococcus spp.	*thermophilus*
Enterococcus spp.	*Enterococcus* spp.
Saccharomyces spp.	*Saccharomyces* spp.

这些益生菌在发酵乳制品等食品中单独或组合添加。随着更先进、更集中的研究工作，益生菌的新属和新菌株不断涌现，益生菌产品可以是含一种或多种菌株的混合物。益生菌的作用是具有菌株特异性的，不能一概而论。单独使用和组合使用时，单一菌株可能会表现出不同的益处。

2002 年，FAO/WHO 起草了指导方针，目前已被用作评估各种食品中益生菌的全球标准。益生菌评价指南包括：①菌种鉴定；②菌株的安全性和益生菌特性；③健康益处验证；④在整个保质期内标记功效声明和组合物。世界卫生组织、粮农组织（FAO）和欧洲食品安全局（EFSA）建议，益生菌菌株在选择过程中必须符合安全性和功能性标准，以及与其技术有用性相关的标准。益生菌的特性与微生物的属或种无关，而是与特定物种的少数且特别选择的菌株有关。菌株的安全性取决于以下因素：来源、与病原菌培养物的相关性以及抗生素耐药性。益生菌的功能定义为它们在胃肠道中的存活率和免疫调节作用。益生菌菌株还必须满足与其生产技术相关的要求。在整个储存和分销过程中，这些益生菌菌株必须能够存活并保持其特性。益生菌显然也应具有与上市产品中菌株特征一致的健康益处。

益生菌指南：

（1）益生菌必须是活的。

（2）菌株必须鉴定明确到种水平。

（3）有可靠的安全数据。

（4）如果最终结果是治疗疾病，则在安慰剂或标准治疗方案的控制下，在特定患者群体中的特定输送载体（食品、胶囊或其他）中使用特定活菌数的益生菌时，显示出生理益处。

（二）益生菌常见形式

益生菌可分为两种主要形式：发酵食品和补充剂。乳制品和蔬菜都属于发酵食品，其中最常见的分别是酸奶和酸菜。而益生菌补充剂可以是粉末、胶囊或片剂形式的冻干细菌。为了在临床上有效，含有益生菌的商业形式必须含有足够数量的活菌数才能发挥治疗作用，以上两种形式都可以实现。

（三）益生菌的作用机制

益生菌在宿主中具有许多功能。然而，关于益生菌对宿主细胞产生有益作用的确切机制，目前还没有适当的文献记载。益生菌对胃肠道的上皮细胞、树突状细胞、单核细胞/巨噬细胞、T 细胞和 B 细胞的影响不同，这主要是因为细菌有不同的属和种。但有几种机制可以解释它们的许多积极作用，例如：改变肠道 pH，通过产生抗微生物化合物拮抗病原体，和病原体竞争受体位点以及可用的营养素和生长因子，刺激免疫调节细胞，并产生乳糖酶。宿主胃的防御机制（如胃活动和胆汁）是一个恶劣的环境。为了到达小肠并定植于宿主，益生菌必须在这种酸性环境中存活下来，才能发挥其有益作用。尽管物种和菌株之间存在差异，但在 pH 低于 3.0 时，这些生物体通常表现出更高的敏感性。这就是为什么耐酸性是用于选择益生菌菌株的一种理想指标。

益生菌还可以通过分泌 IgA 等免疫球蛋白，或增加自然杀伤细胞的数量，甚至增强巨噬细胞的吞噬活性来激活免疫反应。随着 IgA 分泌的增加，肠道中致病微生物的数量减少，从而改善了微生物群落。除了其免疫调节作用外，益生菌还可能对某些疾病有帮助，如炎症性肠病（IBD）。益生菌还可以消化食物，并与病原体争夺营养。益生菌可减少肠道程序性细胞死亡或增加黏蛋白的产生。鼠李糖乳杆菌通过预防 TNF 避免细胞因子诱导的细胞死亡。乳酸杆菌增加黏蛋白的表达以阻断大肠杆菌的侵袭和黏附。鼠李糖乳杆菌可防止炎症和肠上皮细胞凋亡，显示出促丝分裂作用，从而防止黏膜再生。益生菌也是上皮细胞受体和黏液层上有害细菌的竞争对手。干酪乳杆菌通过激活 B 细胞来提高病原体的分泌 IgA 水平。干酪乳杆菌下调负责细胞因子和趋化因子等促炎效应物的基因转录。这种抗炎作用是通过抑制 NF-κB 细胞通路和特异性稳定 IκB-α 来实现的。细菌之间的交流是在被称为群体感应的信号分子或自动诱导物的帮助下进行的，这有助于肠道微生物的定植。

当益生菌争夺黏附位点时，它们会争夺细胞附着物。例如，当病原生物进入胃肠道时，一些双歧杆菌和乳酸杆菌菌株充当"定植屏障"（鼠李糖乳杆菌 GG 菌株和植物乳杆菌 299v）。这两种菌株都不允许大肠杆菌附着在人类结肠细胞上，因为它们已经附着在黏膜上皮上。抗微生物化合物的合成是益生菌修饰微生物菌群的作用机制之一。益生菌诱导宿主细胞释放直接影响病原体的肽，从而防止其攻击上皮。从肠道上皮细胞释放的以下抗菌肽包括：防御素（hBD 蛋白）、细菌素、过氧化氢（H_2O_2）、一氧化氮和短链脂肪酸（SCFA）（如乳酸、乙酸和组织蛋白酶）。它们通过降低细菌、真菌和病毒的毒性，对许多细菌、真菌、病毒发挥抗菌活性。许多类型的乳酸杆菌和双歧杆菌产生这些细菌素或其他抗菌化合物。这些细菌素是指由具有生物活性蛋白质部分和杀菌作用的细菌产生的化合物。益生菌释放这些化合物后，微生物群落发生了有益的改变。但并不是所有的乳酸杆菌或双歧杆菌菌株都能产生抗菌化合物，有些菌株产生的化合物没有特定活性，因此有益细菌和致病生物都可能受到负面影响。

（四）益生菌的治疗用途

益生菌菌株如布拉酵母、鼠李糖乳杆菌 GG 可用于预防抗生素相关性腹泻。布拉酵母、鼠李糖乳杆菌 GG 或两者联用均可用于预防艰难梭菌感染（CDI）。鼠李糖乳杆菌 GG、布拉酵母、嗜酸乳杆菌的混合物可以完全根除幽门螺杆菌。大肠杆菌 Nissle 1917、VSL#3 有助于溃疡性结肠炎的治疗。鼠李糖乳杆菌 GG（LGG）、约氏乳杆菌 LA1 已成功应用于克罗恩病。婴儿双歧杆菌用于治疗肠易激综合征。植物乳杆菌 299v 可用于急性胰腺炎。双歧杆菌和嗜酸乳杆菌已成功应用于坏死性小肠结肠炎。VSL 用于治疗多器官功能障碍综合征（MODS）。鼠李糖乳杆菌 GG 用于呼吸机相关性肺炎、过敏和免疫反应。

益生菌微生物有许多特征，但最好遵循国际益生菌和益生元科学协会（ISAPP）的共识，即益生菌在服用时必须是活的，对健康有益，并以有效剂量提供。产品中存在的活生物体数量决定了益生菌食品和补充剂的剂量。根据临床试验，每天使用 107~1011 种活细菌已获得成功的治疗结果。有趣的是，乳制品培养基中的活细菌比冷冻干燥补充剂中少 100 倍时，才能在下肠道中获得相似数量的活细菌。乳制品是细菌的理想运输介质，可以提高细菌在上消化道的存活率。

二、益生元

"益生元"一词是由 Gibson 和 Roberfroid 于 1995 年创造的。他们将益生元定义为"一种非消化性食物成分，通过选择性刺激结肠中一种或有限数量细菌的生长或活性，对宿主产生有益影响，从而改善宿主健康"。益生元对食物或食物成分的热量没有贡献。后来，Gibson 和 Roberfroid 修改了这一定义，并提出了一个新的定义，即"选择性发酵成分，允许胃肠道微生物群的组成或活性发生特定变化，从而有益于宿主的健康"。根据这一定义，拟议的益生元必须通过体外和体内验证试验满足以下标准：①非消化率（对低 pH 胃酸、酶消化和肠道吸收的抵抗力）；②肠道微生物发酵；③选择性刺激肠道细菌的生长和活性。

FAO/WHO 将益生元（prebiotics）定义为：通过调节肠道微生物来延长宿主健康益处的非活性食物成分。益生元可以作为益生菌的支持或有效选择。不同的益生元在属或种水平上负责不同细菌的修饰。这些不易消化的膳食补充剂通过促进乳酸杆菌和双歧杆菌类益生菌的数量和活性，对健康有益。当益生元通过肠道时，这些益生元不能被消化酶分解，所以它们以完整的形式到达大肠。在肠道中，它们作为生活在那里的益生菌的食物。因此，已证明有效的益生元能够通过增加有益的肠道微生物和抑制有害（致病）微生物来调节肠道微生物群。益生元在肠道中保持最佳 pH，这对益生菌的存在至关重要。它们能促进益生菌的生长，从而促进免疫系统发挥正常功能。它们抑制病原体的繁殖，也不会产生有害影响。它们刺激蠕动，减少气体的形成。它们还刺激有益微生物群落的生长和繁殖。任何进入大肠的食物基质都可能是潜在的益生元，但选择性发酵是一个必要的决定因素。益生元选择性地影响微生物群，并改善宿主的健康状况。益生元与其他低消化碳水化合物一样，只要不发酵，就会在 GIT 中发挥渗透作用；如果它们是由本地菌群发酵的（即在它们表现出益生元作用的地方），它们也会增加肠道气体的产生。

用作食品补充剂的大多数益生元是植物产品，如菊粉、低聚果糖、乳果糖和膳食纤维，其中菊粉和反式低聚半乳糖（TOS）是两种更常见的益生元。这两种物质自然存在于大蒜、洋葱、韭菜、小葱、芦笋、菠菜、菊芋、菊苣、豌豆、豆类、扁豆、燕麦和香蕉等食物中。低聚糖是最著名的益生元，其他常用的益生元包括低聚果糖（FOS）、甘露寡糖（MOS）、菊粉、乳果糖和低聚木糖（XOS），其中低聚木糖可在市场上买到。

（一）益生元选择标准

为了满足益生元的定义，一种膳食物质应该有三种主要生理特性：①第一个标准，由于益生元是在 GIT 的上段未被消化（或仅部分消化），它们可到达结肠并被潜在有益的内源性细菌选择性发酵。这种发酵可能会导致以下情况：不同短链脂肪酸（SCFA）的相对产量增加或改变，大便量增加，结肠 pH 适度降低，一氧化二氮终产物和粪便酶减少，免疫系统更好。这些作用对宿主细胞都是有益的。②选择性刺激肠道细菌的生长或活性可能与健康保护和幸福感有关，并被认为是另一个标准。③最后一个标准是假设益生元不受食品加工条件的影响，在加工时保持不变、未降解或化学性质不变，可用于肠道中的细菌代谢。目前，低聚果糖、低聚半乳糖、乳果糖和不易消化的碳水化合物是满足这三个标准的益生元。

（二）益生元作用机制

肠道中的微生物本身就是一个生态系统，有益微生物是双歧杆菌和乳酸杆菌等，有害微生物是沙门氏菌、产气荚膜梭状芽孢杆菌、幽门螺杆菌等。益生元是不易消化或低消化的膳食物质，通过有利于有益细菌而非有害细菌在结肠中选择性生长来帮助宿主。益生元增强了以下作用：①增加短链脂肪酸（SCFA）和乳酸等发酵产物的形成；②益生菌的生长与结肠中钙、镁等矿物质水平的增加相关；③促进宿主免疫（IgA 产生、细胞因子调节等）。因此，益生元可提高益生菌的作用机制。到目前为止，益生元最受欢迎的益生菌靶点是乳酸杆菌和双歧杆菌，这在很大程度上是基于它们在益生菌领域的成功。目前可以添加益生元的食品有：乳制品、饮料和健康饮料、涂抹酱、婴儿配方奶粉和断奶食品、谷物、烘焙产品、糖果、巧克力、口香糖、咸味产品、汤、酱汁和调味品、肉制品、干即食食品、罐头食品、食品补充剂、动物饲料和宠物食品。

（三）益生元的治疗用途

益生元具有抗菌、抗癌、降血脂的性质。它还具有葡萄糖调节和抗骨质疏松的特性。它被成功地用于治疗便秘和炎症性肠病。它通过吸收和平衡矿物质发挥良好的作用，还可以促进结肠对矿物质的吸收。在补充婴儿配方奶粉中，它对未接受母乳喂养的婴儿具有多种有利作用。

三、合生元

一种产品同时含有益生菌和益生元时，它被称为"合生元（synbiotics）"，这个词意味着协同作用。Gibson 在假设益生元与益生菌结合后的额外益处时引入了这一概念。他声称，与单独使用益生菌或益生元相比，该组合在预防肠道疾病方面可能更有效。因此，有人开发了益生元，使益生元成分有助于益生菌微生物生长并克服可能的生存困难。益生菌使用益生元作为食物来源，这使益生菌在 GIT 内存活的时间比其他情况下更长。H_2O_2、pH、有机酸、氧气、水分和压力等因素已被证明会影响益生菌的生存能力，尤其是在酸奶等乳制品中。益生菌和益生元的协同作用还有利于在结肠中更有效地植入活微生物膳食补充剂以及刺激益生菌生长。益生菌需要食物和益生元燃料才能在 GIT 中完美生存，但重要的是，为了对人类健康产生有益影响，益生元化合物应选择性地刺激益生菌的生长，而不刺激其他微生物。乳酸杆菌或双歧杆菌属细菌与低聚果糖的组合是合生元最常见的例子。

（一）合生元选择标准

最大的挑战是为每个疾病环境和每个个体确定最佳的益生菌和益生元组合。如果将已证明具有个体益处的益生菌和益生元组合，则该组合应显示出相加效应。一个结构化的方法是提出正确组合的有力保证。首先，应确定益生元对益生菌有益所需的特定特性，然后相应地选择益生元。因此，在配制合生元配方时，应选择合适的益生菌和益生元；其次，所使用的益生元应当对益生菌微生物具有增强作用；最后，益生元应特别增强益生菌中微生物的生长。

（二）合生元的作用机制

合生元的作用有两种：增强益生菌的能力；提供明确的健康益处。当益生元被添加到益生菌中时，它会刺激益生菌，并调节肠道代谢活动。这表现为肠道生物结构的改善、有益微生物群的增殖以及潜在病原体无法在胃肠道中生长。合生元也会降低不良代谢产物的数量，以及使亚硝胺和致癌物质失活。合生元还可显著降低短链脂肪酸、酮、二硫化碳和乙酸甲酯的水平，这对健康有益。合生元的产物可以对抗肠道的腐烂过程，防止便秘和腹泻。

（三）合生元的治疗用途

合生元对人类有许多有益的作用，如在化脓性炎症中起到抗菌作用，以及抗癌、抗过敏、抗腹泻的作用。它们还可以用于预防骨质疏松症和减少血清中的脂肪和血液中的糖；用于提高免疫调节能力，如免疫系统调节和大脑功能改善；减少术后的医院感染；改善肝硬化患者的肝功能。科学研究已经证明了这些作用。一项研究解释，当代谢产物（如脂多糖或 LPSs、乙醇和 SFCA）移位时，这些产物进入肝脏，导致肝脏三酰甘油（IHTG）的合成和储存，从而使恶化脂肪变性（脂肪肝）。该研究的支持者将含有 5 种益生菌（植物乳杆菌、德氏保加利亚乳杆菌、嗜酸乳杆菌、鼠李糖乳杆菌、双歧杆菌）和菊粉作为益生元的合生元作用于患者 6 个月，使非酒精性脂肪肝炎成年受试者内 IHTG 水平显著降低。另一项研究发现，给予包含益生菌（干酪乳杆菌、鼠李糖乳杆菌、嗜热链球菌、短双歧杆菌、嗜酸乳杆菌、长双歧杆菌、保加利亚乳杆菌）和低聚果糖的合生元产品可抑制 NF-κB（核因子 κB）活性并降低 TNF-α（肿瘤坏死因子 α）的水平，其中 TNF-α 是非酒精性脂肪肝中导致胰岛素抵抗和炎症细胞升高的一个因素。

四、益生元和益生菌之间的差异

益生元和益生菌之间的主要差异总结见表 2-10。

表 2-10　益生元和益生菌之间的主要差异

分类	益生元	益生菌
内容物	易消化但可被选择性发酵的成分	活微生物
功能	作为益生菌的食物；增加益生菌的数量并提高其活性	增强宿主消化道的健康
健康作用	为益生菌提供支持功能	减少肠道中的致病菌数量，提高肠道功能；提高免疫系统功能；预防氧化应激对细胞的损伤
来源	芦笋、菊芋、香蕉、燕麦和豆类	酸奶、酸菜、养乐多、味噌汤、发酵早餐麦片、软奶酪、泡菜和酸面团等
副作用	发酵导致气体产生增加，产生腹胀或排便次数增加	给免疫功能受损的患者服用具有产生败血症的可能性

五、益生菌、益生元和合生元的健康益处和临床应用

(一) 消化系统

益生菌对胃肠道疾病有效，其疗效取决于特定菌株。益生菌被推荐用于预防和治疗急性肠胃炎和抗生素相关性腹泻；补充在婴儿配方奶粉中可促进生长并改善临床效果；用于炎症性肠病、肠易激综合征、便秘、乳糖不耐受、过敏、癌症、肝病、高脂血症、幽门螺杆菌感染等疾病治疗中。

欧洲儿科胃肠病、肝病和营养协会（ESPGHAN）建议使用已建立的益生菌预防和治疗儿童急性肠胃炎。特定的益生菌菌株鼠李糖乳杆菌 GG 在预防抗生素相关性腹泻方面是有效的。布拉氏酵母、鼠李糖乳杆菌 GG 和路氏乳杆菌是治疗急性肠胃炎、肠易激综合征和抗生素相关性腹泻的首选益生菌。乳酸双歧杆菌可治疗儿童便秘。

益生菌是具有菌株特异性的，对上皮的完整性和调节免疫成分有效。从口腔到肛门统称为消化道，其具有最大的免疫界面，同时以复杂的方式调节免疫反应。这就是在研究益生菌的作用机制时主要考虑胃肠道上皮的原因。益生菌可与病毒入侵者结合，并抑制其与宿主细胞受体的结合。乳酸菌表现出抗病毒活性的机制包括：①作为吸收机制或捕获机制直接相互作用；②自然杀伤细胞、白细胞介素、Th1 免疫应答活性和 IgA 产生对免疫系统的刺激；③产生抗病毒物质，如 H_2O_2、乳酸和细菌素。

(二) 呼吸系统

食用益生菌可以减少儿童呼吸道感染的发生。益生菌在胃肠道疾病中的益处与在上呼吸道感染中发现的效果相似。然而，关于益生菌在上呼吸道上皮定植和相关黏膜组织可能定植的信息很少。益生菌在上呼吸道（URT）的作用机制仍在研究中。但是，URT 中的机制与胃肠道中的机制是联系在一起的。

与胃肠道一样，益生菌可以与病原体（病毒）结合，从而抑制病原体与宿主细胞受体的附着。乳酸菌的抗病毒活性可通过以下机制发挥作用：①作为吸附或捕获机制的直接相互作用；②白细胞介素、自然杀伤细胞、Th1 免疫应答活性和 IgA 产生对免疫系统的刺激；③抗病毒物质（如 H_2O_2、乳酸和细菌素）的产生。

(三) 心血管系统

心血管疾病的危险因素与低密度脂蛋白（LDL）胆固醇水平高、富含甘油三酯的脂蛋白增加和高密度脂蛋白（HDL）胆固醇水平低有关。基因构成、健康状况、身体成分和已有疾病的状态也会增加风险。与疾病状态相关的肠道微生物的变化与个人的饮食有关。饮食调整会改变肠道细菌组成，这对预防或治疗心脏病至关重要。肠道微环境的不平衡可能导致胃肠道以外的疾病。添加益生菌可以改善疾病状态，特别是与代谢综合征相关的心血管疾病，如高血压、高胆固醇血症、肥胖、心血管疾病、糖尿病、心肌病。益生菌参与宿主免疫调节，影响器官的生长和功能。心血管疾病状态是通过改变肠道微生物影响代谢成分而发生的。在最近进行的研究中，益生菌补充剂降低了心血管疾病的发病率。一项肥胖研究显示，与服用安慰剂的女性相比，服用 *L. rhamosus* 的女性平均体重减轻显著更高；Ⅱ型糖尿病（T2DM）受试者服用嗜酸乳杆菌、鼠李糖乳杆菌和双歧杆菌后，血糖水平降低了 38%；在给予嗜酸乳杆菌和长双歧杆菌后，高密度脂蛋白胆固

醇增加，低密度脂蛋白胆固醇降低；此外，研究表明干酪乳杆菌和嗜热链球菌能够降低收缩压。

（四）泌尿系统

对于女性来说，尿液病原体的感染几乎总是通过从直肠和阴道到尿道和膀胱的上行感染。乳酸杆菌通常存在于健康女性的阴道中，从直肠和会阴传播，并在阴道中形成屏障，通过泌尿系统进入膀胱。通过益生菌给药的人工增加乳酸杆菌数量的概念由来已久，但并非所有的乳酸杆菌都有效，迄今为止，具有临床疗效的有鼠李糖乳杆菌 GR-1、路氏乳杆菌 B-54 和 RC-14。这些菌株仅可在奥地利市场上买到，因此对于大多数泌尿科医生来说，虽然一些益生菌可以减少膀胱癌症或草酸尿的复发，但目前还不能广泛推荐采用益生菌来预防尿道炎。

（五）生殖系统

发达国家和发展中国家的妇女生殖健康问题并不相同。然而，它们在微生物参与方面有着共同的联系。乳酸杆菌是阴道中的主要细菌类型，它受到几个因素的影响，如饮食摄入、月经状况、性行为、社会经济地位和遗传。女性面临的问题包括怀孕、早产、性传播感染、营养不良和环境挑战。足量的益生菌（活微生物）可以提供更好的生殖健康益处。胎儿的发育与母体营养有关，阴道乳酸杆菌产生 α-亚麻酸和其他神经化学物质等副产物的异构体，这些副产物通过肠道的血液进入子宫和胎盘，在胎儿发育中起着至关重要的作用。肠脑信号传导和微生物对记忆的影响，即类似焦虑的大脑功能，已被证明会影响胎儿的发育。在怀孕期间给予益生菌乳酸杆菌，可以导致免疫调节和减少过敏反应。这些益生菌干预措施虽然未经临床证实，但有助于降低与妊娠相关的风险因素。

乳酸杆菌影响妊娠期涉及不同膜结构，因为它控制对上皮屏障功能至关重要的黏附连接蛋白的调节。这种膜的完整性是成功形成胚泡、保留羊膜、绒毛膜和胎盘所必需的。有证据表明，益生菌通过蛋白激酶 A 阻断下游 MEK/ERK-MAPK 信号传导，并通过调节转录抑制 TNF 的产生，其中 TNF 与早产诱导有关。

（六）免疫系统

2015 年，世界过敏组织（WAO）发布了预防过敏的益生菌使用指南。肠道微生物群是哮喘、炎症、特应性、肌肉骨骼疾病和肝纤维化等免疫相关疾病日益增多的重要因素。它影响宿主的生理，并在治疗上产生新的靶点。益生菌通过腹膜和脾脏巨噬细胞的活性抑制肠道中的致病菌。在营养不良过程中，益生菌给药有助于恢复胸腺组织学并刺激适应性免疫反应。

益生菌在食用时会刺激细菌在其细胞壁结构上的诱导信号。益生菌会影响肠道上皮细胞或与固有层相连的免疫细胞上的 Toll 样受体。这会导致各种细胞因子或趋化因子的产生，从而在肠道固有层、支气管和乳腺中创造微环境，产生 IgA。同时，益生菌刺激的细胞因子导致 Treg 细胞（Foxp3+）的表达，从而维持肠道黏膜中的免疫稳态。肠上皮细胞产生巨噬细胞的化学引诱蛋白 1。这向激活免疫系统的所有其他免疫细胞发送信号。乳腺、支气管和肠道的 IgAA+ 细胞增加，T 细胞活化，然后通过激活调节性 T 细胞来释放 IL-10。益生菌通过增加紧密连接蛋白、黏蛋白、杯状细胞和潘尼斯细胞来增强肠道屏障。益生菌给药引发 Th1 型反应，高剂量的 IL-10 和 IFN-γ 在免疫调节中发挥重要作用。

六、益生菌、益生元和合生元对各种疾病的健康益处

（一）腹泻

根据世界卫生组织的定义，24h 内出现三次以上水样便或稀便可称为腹泻。在过去的几十年里，人们通过不同的实验和精心设计的临床研究，对益生菌微生物进行了大量研究，验证了其在控制腹泻方面的功效。

1. 急性婴儿腹泻

轮状病毒引起的急性婴儿腹泻是研究最多的胃肠道疾病，快速口服补液是主要治疗方法，其中益生菌可作为补充水分的疗法之一。布拉酵母预防了多次艰难梭菌连续感染的个体的疾病复发。来自布拉酵母的蛋白酶通过减少艰难梭菌产生的毒素来阻断肠道受体，还能刺激特定的肠道抗毒素。

2. 抗生素相关性腹泻（AAD）

抗生素的使用会导致局部菌群的破坏，这与腹泻和腹痛等临床症状有关。这种腹泻包括对病原体的抵抗力缺陷，从而中断肠道微生物菌群，导致碳水化合物、短链脂肪酸和胆汁酸代谢的改变。对抗生素相关性腹泻有效的益生菌包括鼠李糖乳杆菌 GG、嗜酸乳杆菌、德氏乳杆菌、发酵乳杆菌等和布拉酵母。对儿科受试者的益生菌和 AAD 进行的荟萃分析表明，鼠李糖乳杆菌和布拉酵母的高剂量（每天 50~400 亿 CFU）可以预防 ADD 的发作，而对其他健康儿童则没有严重的副作用。

（二）肠易激综合征（IBS）

这种常见的慢性胃肠道疾病的特点是反复出现腹部不适、腹胀、疼痛和排便习惯多变，黏膜异常和胀气。目前，该病尚无治疗方法，治疗的目的只是减轻其症状。包括植物乳杆菌在内的许多益生菌菌株可以减少肠胃胀气并缓解腹胀。用鼠李糖乳杆菌 GG 治疗可观察到疼痛减轻。不同的益生菌菌株，如婴儿芽孢杆菌、鼠李糖乳酸杆菌 LC705、啤酒芽孢杆菌 Bb99 和大肠杆菌 nissle1917 对 IBS 的治疗有效。可溶性非黏性纤维，如益生元瓜尔胶，也可用于治疗肠易激综合征。

（三）炎症性肠病（IBD）

IBD 是一种慢性、复发、多因素的疾病，可引起胃肠道炎症，导致严重的水样和带血腹泻并伴有腹痛。IBD 影响大肠和小肠，尤其是结肠。IBD 包括溃疡性结肠炎（UC）、克罗恩病（CD）和贮袋炎。其诱发因素包括遗传、环境因素、免疫系统失调、肠道微生物类型和氧化应激。CD 和 UC 是先天免疫系统对环境适应的缺乏所导致的。

溃疡性结肠炎（UC）样 IBD 主要影响大肠和直肠黏膜。慢性 UC 可导致结肠癌。使用布拉酵母、干酪乳杆菌和双歧杆菌等各种益生菌已显示出比较理想的效果。发酵乳中的双歧杆菌、短双歧杆菌和嗜酸乳杆菌能够使患者得到轻度缓解。

克罗恩病（CD）通常影响肠道，但它可能在消化道中从口腔到肛门的任何地方传播。它会使胃肠道溃疡和发炎，从而使身体无法正确消化食物。病原体可能是艰难梭菌、沙门氏菌、空肠弯曲杆菌、支原体和腺病毒。提供治疗效果的有效益生菌的例子包括鼠李糖乳杆菌和布拉酵母，这可能和它们与共生致病菌群对免疫系统反应的竞争作用以及促进肠黏膜恢复完整性相关。

贮袋炎（pouchitis）是保留肛门的大肠全切除术（或次全切除术）术后发生在患者回肠

贮袋的非特异性炎症，是溃疡性结肠炎行回肠贮袋—肛管吻合术后最为常见的并发症。益生菌混合物是治疗这种疾病的一种方法。它能通过诱导黏膜细胞因子如 IL-4 和 IL-1 影响黏膜的细胞内相互作用，改善肠道屏障的功能，调节细胞骨架和紧密连接蛋白磷酸化，产生抗氧化酶如超氧化物歧化酶和过氧化氢酶，从而改善 IBD 症状。

（四）乳糖不耐受

乳糖不耐受是最常见的碳水化合物不耐受类型。这是由于 β-半乳糖苷酶活性水平较低和乳糖缺乏消化。典型的症状包括腹部不适，如腹泻、腹胀、绞痛、腹痛和胀气。治疗干预措施包括：乳糖酶（片剂）治疗，以及用益生菌如嗜热链球菌和保加利亚乳杆菌处理。摄入含有嗜酸乳杆菌和长双歧杆菌的牛奶可减少产氢和胀气，并改善乳糖不耐受。

（五）糖尿病

糖尿病被普遍认为是一种严重的生活方式疾病，它有 I 型糖尿病和 II 型糖尿病两种类型。在 I 型糖尿病（T1DM）中，胰腺停止产生或产生非常少量的胰岛素，这是一种调节血糖水平的激素。在 II 型糖尿病（T2DM）中，身体不能控制血液中的糖浓度。益生菌有助于促进糖尿病患者代谢紊乱（肠道菌群改变）的正常化。根据益生菌的种类、剂量和功效，它们将餐前葡萄糖和胰岛素水平降至最低。在糖尿病中，宿主的微生物群组成紊乱和胰岛素抵抗是通过以下途径发生的：摄入富含能量的饮食；肝脏和脂肪组织脂质代谢的改变，胰高血糖素样肽和肠道肽分泌的调节；脂多糖的激活；通过胰高血糖素样肽改变肠屏障刚性。

在 T2DM 中，胃肠道中产生丁酸盐的细菌减少。肠道微生物群的改变是由于饮食不耐受引起的，包括过量的脂肪、精制碳水化合物或果糖，这会诱发肠道通透性增加而引发免疫反应，导致细菌迁移到总循环中。在下丘脑中，胰岛素抵抗的增加会导致饱腹感降低，进而导致食物摄入增加，最终导致体重增加。

在 T1DM 中，微绒毛厚度和微绒毛之间的空间的改变促进 LPS 和细菌片段通过肠道屏障进入，并结合调节先天免疫和适应性免疫的 toll 样受体。乳酸杆菌等益生菌通过蛋白激酶增加 β-连环蛋白和 E-钙黏蛋白等蛋白质的黏附，优化肠道微生物群。益生菌约氏乳杆菌促进肠系膜腺辅助 T 细胞分化，产生保护 T1DM 的免疫力。益生菌乳酸杆菌和双歧杆菌可降低餐前血糖、胰岛素，增强糖化血红蛋白（HbA1c）和降低胰岛素抵抗。南瓜和酸奶益生菌单独或一起食用可以降血糖。

（六）肥胖

肥胖和苗条个体的肠道微生物各不相同。但当肥胖者减肥时，肠道微生物群落往往与瘦人肠道中的微生物群落相似。高纤维饮食具有较低的脂肪和能量，通过促进饱腹感对减肥非常有益。在瘦和肥胖个体中，肠道微生物通过影响从饮食中获取热量的效率、获取能量的利用和储存来影响能量平衡。

（七）癌症

美国癌症研究所在全球范围的大型研究中发现了营养与癌症发病率之间的联系，发现全球约 30% 的癌症病例可以通过改变饮食习惯来预防。益生菌作为功能性食品并不是灵丹妙药，它们不直接靶向癌症细胞，而是靶向不同的区域并改变组织和细胞的特征，从而减少与某些类型癌症相关的感染和炎症。例如益生菌保加利亚乳杆菌通过以下途径诱导抗肿瘤活性：①改变与免疫反应相关的免疫功能；②调节细胞凋亡和细胞分化的抗增殖作用；③抑制不利细菌（如产气荚膜梭状芽孢杆菌和大肠杆菌）产生 β-葡萄糖醛酸酶、尿素酶、氮氧化还原酶和硝基还原酶。β-葡萄糖醛酸酶和尿素酶有助于前致癌物转化为潜在致癌物。双歧杆菌益生菌可减少受 1,2-二甲基肼诱导的结肠癌的发病。长期芽孢杆菌、低聚果糖和菊粉的饮食给药可阻止癌前病变的形成，抑制乳腺癌和结肠癌。

（八）幽门螺杆菌感染

幽门螺杆菌是一种小而弯曲的螺旋棒状细菌，主要与十二指肠消化性溃疡有关，是慢性胃炎和其他胃恶性肿瘤的主要生物学病原体。质子泵抑制剂如奥美拉唑和普兰托拉唑与抗生素一起使用是根除这种细菌最有用的疗法。益生菌具有抗菌作用，可与幽门螺杆菌抑制黏附和产生代谢产物之间进行竞争。目前，添加布拉酵母的益生菌可以提高根除率并减少幽门螺杆菌的感染。

（九）过敏和免疫反应

益生菌通过 toll 样受体信号通路调节先天免疫和病原体诱导的炎症。通过不同途径（剖腹产和自然阴道分娩）出生的婴儿在 6 个月大之前的定植微生物群存在重大差异。携带脆弱拟杆菌和双歧杆菌属的婴儿具有更多的循环免疫球蛋白 A（IgA）分泌细胞和 IgM 分泌细胞。母乳中的细菌和羊水中的微生物可能会影响肠道微生物群的组成。肠道微生物群刺激 TH1、TH3 和 T 调节细胞，这些细胞可以平衡过敏性鼻结膜炎、哮喘和特应性湿疹等特应性疾病中 TH2 细胞分泌的 IL-4、IL-5 和 IL-13。妊娠期和哺乳期使用乳酸杆菌 GG 联合其他乳酸杆菌可降低儿童患特应性湿疹和过敏性致敏的风险。

（十）艰难梭菌感染（CDI）

艰难梭菌是一种厌氧、革兰氏阳性、孢子形成细菌，可引起胃肠道感染。主要症状是腹泻和伪膜性结肠炎。布拉酵母产生丝氨酸酸蛋白酶，用于降解艰难梭菌的结肠受体位点，并减少艰难梭菌毒素 A 和艰难梭菌毒素 B。万古霉素或甲硝唑可最大限度地减少感染，但与布拉酵母联合使用可减少 CDI。

（十一）坏死性小肠结肠炎（NEC）

NEC 是早产儿的一种重要疾病，其特征是严重的肠道炎症和坏死，与胎龄和出生体重呈负相关。这种疾病的发病机制取决于细菌的定植模式，研究表明肠杆菌科、德尔塔毒素阳性的耐甲氧西林金黄色葡萄球菌和梭菌是主要的致病细菌。双歧杆菌属和嗜酸乳杆菌等益生菌的组合能最有效地将 NEC 发病率降至最低。

（十二）心血管疾病

食用益生菌可以降低血清胆固醇水平。参与脂质代谢的益生菌有保加利亚乳杆菌、路氏乳杆菌、凝结芽孢杆菌。益生菌降低胆固醇水平是由于肝脏中羟甲基戊二酰辅酶 A 还原酶的减少以及胆固醇转化为胆汁酸和胆汁酸的酶促解偶联。在这种解偶联中，胆汁酸进入肠道，然后在粪便中排泄，导致血清胆固醇水平降低。

第七节　其他活性功效成分

一、蜂蜜作为功能性食品及其在天然蜂蜜生产中的应用前景

蜂蜜是一种超级食物，在人类历史上已经存在了很长时间。在公元前 7000 年西班牙的洞穴

绘画中，以及在公元前 2400 年的埃及坟墓中，都发现了蜂箱和蜂蜜的证据。除了用作食品原料和天然甜味剂外，蜂蜜还因其愈合特性而受到重视。如今，蜂蜜仍然由养蜂场的蜜蜂生产，并作为功能性食品被人类食用，因为它具有抗氧化、抗炎、抗微生物、抗肿瘤和抗突变的作用。

蜂蜜被定义为"蜜蜂收集植物的花蜜或植物活体的分泌物或植物活体上吸植物昆虫的排泄物，通过与自身的特定物质结合进行转化，沉积、脱水、储存并留在蜂巢中成熟而产生的天然甜味物质。"（食品法典委员会，1999 年）。蜂蜜主要由葡萄糖和果糖（约占干重的 95%），以及蔗糖、麦芽糖、松二糖和吡喃葡糖基蔗糖，再加上少量的低聚糖，如棉子糖和黑烯糖等组成。它还含有氨基酸、蛋白质、有机酸和酶，如淀粉酶、葡萄糖氧化酶和转化酶、矿物质、维生素、不溶性物质，如蜂窝碎片和花粉。

公元前 8000 年巴布亚新几内亚种植甘蔗，公元 100 年左右印度生产食糖后，蜂蜜作为天然甜味剂的使用开始减少。但在整个人类历史上，蜂蜜一直以其民间药用功效而闻名。2016 年，全球蜂蜜年产量不到 2014 年总糖产量的 1%。然而，由于消费者越来越喜欢更健康的食糖替代品和功能性食品，到 2024 年全球蜂蜜消费量预计将达到 280 万吨。

（一）蜂蜜的分类及其分布

根据蜂蜜是否来自花蜜腺，或者它们是否主要是植物或吸植物的半翅目昆虫的排泄物（称为蜜露蜜），有两大类蜂蜜。果糖和葡萄糖相对量的差异用于确定蜂蜜是否为单花蜂蜜。然而，花蜜中的次要糖类型没有变化，因为它们是转化酶的产物。对比蜜露和花蜜，研究发现蜜露蜜中有大量的低聚糖，包括花蜜中不存在的黑胶糖和棉子糖。

当今世界上有 300 多种蜂蜜。根据蜂蜜的植物和地理来源，蜂蜜的外观、味道和成分会有所不同。开花蜜的种类是根据蜂蜜来源的植物种类命名的。例如，麦卢卡蜂蜜的来源是在亚洲和新西兰发现的麦卢卡灌木（*Leptispermum* spp.），以及石南蜂蜜主要来自欧洲和亚洲的石南花（*Erica* spp. 或 *Calluna vulgaris*），欧洲或亚洲的三叶草蜂蜜含有三叶草属的花蜜，美国的桉树蜂蜜由桉树花蜜组成。

多花蜂蜜通常被称为花蜜混合物。蜜露蜜的种类不如花蜜，并且是根据它们的产地命名的（如森林蜜露、海滩森林蜜、树蜜、昆虫蜜或跳蚤蜜）。蜂蜜也可以根据取下的方法命名（即提取的蜂蜜、压制的蜂蜜、沥干的蜂蜜、梳形蜂蜜或带梳子的蜂蜜）。

（二）蜂蜜对健康的益处

1. 防腐剂和抗菌剂

蜂蜜具有广谱抗菌活性，其效力因蜂蜜的植物来源而异。蜂蜜的吸湿性使细菌脱水，蜂蜜的酸性环境和高糖浓度妨碍了微生物的生长。犬尿喹啉酸是树栖蜂蜜中的一种色氨酸代谢的中间体，被报道具有抗菌特性。

2. 抗糖尿病

糖尿病患者建议食用低血糖指数的食物。尽管蜂蜜的总碳水化合物含量很高，但其平均血糖指数仅为 55，而葡萄糖为 100，蔗糖（食用糖）为 65，这使其成为一种更健康的天然甜味剂。蜂蜜中高水平的果糖和异麦芽酮糖等低聚糖可降低高血糖，延长胃排空，从而减缓人体肠道吸收。

3. 抗氧化

蜂蜜的抗氧化活性很大程度上是由于类黄酮和酚酸等酚类植物化学物质与抗坏血酸、有机酸和氨基酸等非酚类化合物以及过氧化氢酶和葡萄糖氧化酶等酶的协同作用。这些生物活性物质的含量因蜂蜜的地理和植物来源而异。

蜂蜜中包含苯甲酸和肉桂酸两类主要酚酸，蜂蜜类黄酮主要有黄酮、黄烷酮和黄酮醇，这些植物化学物质有助于形成蜂蜜的风味、颜色和独特的味道。酚类植物化学物质也被认为是探索蜂蜜植物起源的潜在标志物。

4. 抗炎和伤口愈合

几个世纪以来，蜂蜜在皮肤伤口上的局部使用一直被实践，因为它可以控制伤口感染，清洁伤口，产生一个干净的伤口床，形成的疤痕最小，并减少炎症和疼痛。然而，到目前为止，只有两个蜂蜜品牌被批准用于治疗用途（Medihoney™ 和活性麦卢卡蜂蜜）。

蜂花粉酶、精油、蜂胶和次生代谢产物，如类黄酮、多酚和萜烯，被发现有助于伤口愈合。蜂蜜的温和酸度及其低水平的过氧化氢也增强了蜂蜜的组织修复和抗菌活性。蜂蜜还可以刺激单核细胞产生细胞因子，从而启动组织修复。据报道，与对照治疗相比，来自土耳其的栗子蜜、杜鹃花蜜和多花花蜜可改善伤口愈合过程中的组织病理学参数（上皮化、血管生成、巨噬细胞和纤维增生）。

5. 血压与心血管功能的调节

蜂蜜被发现可以改善脂质状况，降低 C 反应蛋白（CRP）水平。食用蜂蜜还可以降低高甘油三酯血症受试者的高甘油三酯和三酰甘油水平。心血管疾病的危险因素，如肥胖、高血压、吸烟和慢性牙周病，与 CRP 水平升高相关。因此，蜂蜜的抗炎活性也与其潜在的心血管功能保护有关。

6. 抗癌

研究表明物质发挥抗癌活性的评价指标主要分为：①抗氧化活性；②抗炎活性；③p53 调控；④细胞周期阻滞；⑤免疫调节活性；⑥抗诱变活性；⑦雌激素调节；⑧环氧合酶-2（COX-2）调节；⑨肿瘤坏死因子（TNF）调节。虽然蜂蜜抗癌活性的完整机制尚未完全阐明，但据报道，蜂蜜中的酚类成分是其抗癌活性的主要因素。与食用或使用蜂蜜的其他健康益处一样，蜂蜜中的抗癌成分会因地理位置和蜂蜜的植物来源而异。

（三）蜂蜜的已知生物活性成分

1. 益生菌

蜂蜜并非无微生物，因为它被认为是益生菌的良好来源，如喜酸乳酸菌和酵母。益生菌被定义为"当给予足够的量时，会对宿主产生健康益处的活微生物"。蜂蜜酸化是葡萄糖氧化酶代谢的副产物，酸性环境阻止了许多腐败微生物的增殖，从而使蜂蜜能够自然保存。

蜂蜜中的乳酸菌（LAB）主要来自蜜蜂的胃，以及花朵分泌物和花粉。在新鲜蜂蜜中发现的乳酸杆菌共生体中，包括嗜酸乳杆菌、植物乳杆菌、昆虫乳杆菌和副乳杆菌，以及小行星双歧杆菌和棒状杆菌。LAB 共生体有助于蜂蜜的治疗和抗菌特性。

2. 益生元

膳食益生元是"一种选择性发酵的成分，可导致胃肠道微生物群的组成或活性发生特定变化，从而对宿主健康有益"。蜂蜜中益生元包括不易消化的多糖和低聚糖，如麦芽酮糖、麦芽三糖、松二糖、潘糖、松三糖、棉子糖、菊粉糖和蔗果三糖，它们促进益生菌的生长。蜂蜜的渗透成分和其他成分也可保护益生菌在消化过程中顺利通过人体胃肠道。

3. 槲皮素

蜂蜜中含有大量的酚类化合物，这些化合物可以作为天然抗氧化剂。槲皮素是一种黄酮醇，已被确定为花蜜、蜂蜜、花粉、蜜蜂面包和蜂胶中最可预测的成分之一，也是一种负责刺激花粉萌发和花粉管生长的信号物质。研究已经确定了槲皮素对蜜蜂的健康益处，包括增加蜜蜂对解毒和免疫基因的反应。此外，包括槲皮素在内的蜂蜜中鉴定的多酚已被报道是"治疗心血管疾病的有前景的药物"。

4. 橙皮素

橙皮素是一种常见的生物活性类黄酮，属于化学类别"黄烷酮"，它具有抗氧化、抗癌、降血脂、血管保护和其他基本治疗特性。蜂蜜的酚类成分因花的来源和地理位置而异。经鉴定，蜂蜜中酚类化合物的组成受地理位置的强烈影响，而酚类化合物浓度则取决于花的来源。研究表明，地理位置和花源对蜂蜜样品类黄酮含量的影响比对酚酸含量的影响更大。结果显示，酚酸化合物和黄酮类化合物可作为植物标记物来确定蜂蜜样品的花源和地理来源。因此，橙皮素可作为一种研究性化合物，用于测定各种蜂蜜样品的花源，无论是单花还是多花。

5. 木犀草素

木犀草素是蜂蜜中最常见的黄酮类化合物之一，具有抗氧化、抗炎和抗肿瘤特性，并对小胶质细胞诱导的神经元细胞死亡具有神经保护作用。木犀草素被列为马努卡蜂蜜类黄酮组分的主要成分。木犀草素被发现与蜂蜜的非过氧化物抗菌活性相关。

6. 山奈酚

山奈酚是一种主要的黄酮类化合物，存在于包括蜂花粉在内的几种天然产物中。山奈酚具有许多药理特性，包括抗菌、抗炎、抗氧化、抗肿瘤、心脏保护、神经保护和抗糖尿病活性。对于阿拉伯树胶蜂蜜，山奈酚鼠李糖苷和鼠李糖基葡糖苷已被提议作为鉴定标记物，其次在桉树蜂蜜中也发现了山奈酚。

7. 高良姜素

高良姜素是蜂蜜中发现的另一种天然黄酮类化合物，是蜂蜜的标志性化合物。高良姜素具有抗菌、抗糖尿病、抗肥胖、抗肿瘤、抗炎、抗突变、抗断裂、抗氧化、清除自由基和代谢酶调节活性。与其他化合物类似，高良姜素被发现在治疗心血管疾病方面具有积极作用，并有助于保存其他保护性抗氧化剂，包括维生素 E、维生素 C 和其他类黄酮。

8. 蜜蜂防御素-1

蜜蜂防御素-1 是目前唯一一种天然存在于蜂蜜中的阳离子杀菌化合物。它以前是从蜂王浆中分离出来的，蜂王浆是"蜂后幼虫的主要食物来源，并在蜜蜂血淋巴中被鉴定"。蜜蜂防御素-1 由工蜂的下咽腺通过碳水化合物代谢酶释放到采集的花蜜中。它有助于保护蜂王浆和蜂蜜免受微生物破坏，因此蜂蜜的抗菌性能取决于过氧化氢、甲基乙二醛和防御素-1 的含量。蜜蜂防御素-1 的含量范围为 $0.04 \sim 5.17 \mu g/g$ 蜂蜜。防御素-1 存在于所有测试类型的幼虫果冻和蜂蜜中，包括麦卢卡蜂蜜。

二、蘑菇的营养与生物活性成分

真菌是一个多样化的分解者群体，主要包括霉菌、酵母和蘑菇。蘑菇在世界各地都有发现，一般来说，它们是宏观丝状真菌的子实体，通常以高营养和药用特性而闻名。历史上有一些证据表明，蘑菇早就以食物或药物的形式被人类食用。古希腊人、罗马人、埃及人、日本人、中国人和墨西哥人都珍视蘑菇的药用价值，并将其作为膳食补充剂或药用食品食用。根据希腊人的说法，蘑菇是士兵在战斗中的力量来源，罗马人认为蘑菇是"上帝的食物"，而中国人将它们视为健康食品或生命之药。许多研究人员已经研究并记录了蘑菇是各种营养品和生物活性化合物的宝库。在过去的几十年里，蘑菇作为营养资源的消费和种植不断增加。在国际上，中国是最大的蘑菇生产国，双孢蘑菇是高度栽培的蘑菇品种，其次是平菇和金针菇。蘑菇是人类饮食的重要组成部分，因为它们含有大量的矿物质、蛋白质、维生素，以及一些重要的药用活性成分，且脂肪含量低。不同种类的蘑菇被认为具有不同的药用特性，如抗肿瘤、神经保护、抗氧化、抗低血糖、抗癌、抗菌、免疫调节、抗炎、抗病毒、抗动脉粥样硬化特性等。

（一）蘑菇的营养和营养潜力

保健品和营养品被认为是具有治疗和健康益处的食物或饮食的一部分，有助于对抗多种疾病。它们涵盖范围较广，包括草药产品、膳食补充剂、分离营养素、基因工程/设计食品以及饮料、谷物和汤等加工食品。营养品或功能性食品成分通常包括蛋白质、肽、酮酸、氨基酸、多不饱和脂肪酸（PUFA）、维生素、矿物质和抗氧化剂等。蘑菇营养丰富，脂肪含量低，蛋白质、必需氨基酸、矿物质和维生素含量高。研究表明，大约有35种不同的食用蘑菇被商业化种植，近200种野生蘑菇因其药用特性而被使用。最近，研究人员对探索蘑菇作为一种功能性食品、开发强效治疗产品以及营养品产生了兴趣。研究表明从蘑菇中分离的营养化合物在治疗和预防癌症、高血压、糖尿病、心脏病和脑卒中等致命疾病方面具有一定治疗潜力。

蛋白质和肽是蘑菇中重要的生物活性营养品，具有许多健康益处，如改善营养物质的消化和吸收，增强免疫活性和调节酶活性。蘑菇中常见的蛋白质和肽是核糖体失活蛋白（RIPs）、凝集素、漆酶、真菌免疫调节蛋白（FIPs）和核糖核酸酶。在这些蛋白质中，凝集素是具有细胞凝集特性并与细胞表面的碳水化合物结合的糖蛋白或非免疫蛋白。据报道，从云芝、黄杨、水仙花、次黄木、小红菇、美味红菇和猴头菇中分离得到的凝集素具有抗增殖、免疫调节、抗病毒、抗微生物和抗肿瘤的活性。蘑菇FIPs已从灵芝、微孢子灵芝、金针菇、草菇、香樟等中提取获得，并被报道具有免疫调节活性，它们还可以防止肿瘤细胞的侵袭和转移，因此可以用作治疗肿瘤的佐剂。生物活性蛋白RIPs属于酶类，已从几种蘑菇中提取，包括块茎侧耳、金针菇、石梅子、卡氏菌和土茯苓。它们能够通过从rRNA中去除一种或多种腺苷来灭活核糖体，并且有助于抑制HIV-1逆转录酶活性和真菌增殖。与RIPs一样，漆酶也属于酶类，被认为是工业和生物技术领域有潜力的生物活性物质。它们主要从杏鲍菇、平菇、蒙古口菇和大白菜中分离出来，并被报道具有抗病毒和抗增殖活性。它们在生物技术领域被称为绿色工具/绿色催化剂，在医学、食品、化妆品等领域有着巨大的应用。核糖核酸酶是从蘑菇中分离的另一种生物活性蛋白，已被证明对金黄色葡萄球菌、铜绿假单胞菌和荧光假单胞菌具有抗菌活性。

必需氨基酸对人类至关重要，因为它们不能由身体合成，必须从食物中获得。蘑菇是必需氨基酸的理想来源，它们含有所有必需氨基酸和少量非必需氨基酸。游离氨基酸是功能活性化合物的主要成分,有助于形成蘑菇的独特风味。研究结果表明,蘑菇中存在18种游离氨基酸,包括赖氨酸、亮氨酸、异亮氨酸、色氨酸、苏氨酸、缬氨酸、蛋氨酸、组氨酸和苯丙氨酸,以及甘氨酸、酪氨酸、精氨酸、丝氨酸、天冬氨酸、丙氨酸、半胱氨酸、谷氨酸和脯氨酸。蘑菇也被称为维生素的丰富来源,尤其是核黄素(维生素 B_2)、烟酸(维生素 B_3)、叶酸(维生素 B_9),蘑菇中也含有微量的维生素 A、维生素 B_1、维生素 B_5、维生素 B_{12}、维生素 C、维生素 D 和维生素 E。

(二)蘑菇中的生物活性成分

多糖是从蘑菇中提取的最常见且最有效的化合物之一。蘑菇中存在的所有多糖都具有 β-糖苷键连接的葡萄糖骨架,但根据分支的模式和程度,不同物种的多糖不同。蘑菇中最常见的单糖是葡萄糖、果糖、木糖、半乳糖、甘露糖、海藻糖、阿拉伯糖、甘露醇和鼠李糖。在蘑菇中检测到的少数几类多糖分别是同多糖、杂多糖(异多糖灰树花多糖和香菇多糖)、β-葡聚糖型多糖和葡聚糖蛋白复合物。从蘑菇中分离出的多糖因其对健康的益处而被广泛研究,也被用于开发功能性食品。

香菇多糖、色硫蛋白、甘露德兰、胸膜、甘露糖、裂叶兰和蘑菇氨酸蛋白多糖是研究得较多的多糖,分别来源于香菇、灵芝、侧耳属、印度花、裂叶菌和姬松茸。这些多糖具有抗氧化、抗肿瘤、免疫调节、抗病毒、抗炎、抗疲劳和抗癌活性。

在过去的几十年里,研究人员更关心氧化损伤,因为不健康的习惯和污染暴露导致包括自由基在内的氧化损伤的风险不断增加。自由基是指任何反应性很强的不稳定分子,会对身体造成氧化应激,导致多种致命疾病的发生,如癌症、神经退行性疾病、心血管疾病等。抗氧化剂可以稳定这些自由基,并有助于预防氧化应激引起的疾病。尽管人体可以通过内源性抗氧化防御机制来预防氧化应激,但我们也需要通过在饮食中加入健康食品来获得抗氧化剂。在这种情况下,蘑菇被认为是抗氧化剂的丰富来源,并因其抗氧化特性而被广泛研究。蘑菇中的抗氧化剂有酚酸、生育酚、萜烯、类胡萝卜素、类固醇和抗坏血酸。

萜类化合物是由不同异戊二烯单元组合而成的碳氢化合物。据报道,它们具有多种药物和治疗活性,如抗疟、抗癌、抗病毒、抗微生物、抗炎和抗胆碱酯酶。从蘑菇中分离出的主要萜类是羊毛甾烷,这是一种因其抗癌活性而得到充分研究的三萜类化合物。灵芝酸、赤芝酸、赤灵酸、丹芝酸、灵芝醇 A、树舌环氧酸和赤芝酮是从灵芝中分离的萜类化合物,据报道这些化合物可用于抗癌治疗。此外,从蘑菇中分离的萜类化合物也被观察到具有抗分枝杆菌和抗念珠菌活性。

酚类化合物是最大的一组植物化学物质,以其有趣的药理活性而闻名。类黄酮、香豆素、花青素、儿茶素和酚酸等是酚类化合物的少数例子。这些化合物的丰富来源是蔬菜、水果、草药、种子、果汁等。据报道,地花菌、假牛肝菌、紫皮牛肝菌、紫色丝膜菌、珍品芝、弗氏灵芝和口蘑等几种蘑菇中都含有生物活性酚类化合物。目前关于野生蘑菇(蘑菇、牛肝菌、大耳菇、平菇、红菇和红菇)和栽培蘑菇(双孢蘑菇、平菇)抗氧化活性的报告表明,它们是酚类和类黄酮的丰富来源。蘑菇酚类化合物的药理活性包括抗癌、抗糖尿病、抗炎、抗微生物等。

复习思考题

1. 简述几种生物活性碳水化合物的生理功能，分别列举几种来自低等植物、高等植物、动物产品和微生物的生物活性碳水化合物。

2. 什么是生物活性肽？它的主要来源有什么？

3. 简述活性油脂的生理作用。

4. 简述维生素和矿物质的分类，并分别列举 3 项维生素和矿物质缺乏的症状。

5. 植物活性成分包含哪些种类？

6. 什么是益生菌、益生元和合生元？简述它们的选择标准。

7. 列举蜂蜜和蘑菇中存在的生物活性成分，并简要说明这些成分的营养潜力。

第三章　功能性食品研发与评价

第三章课件

学习目标

1. 了解功能性食品的研发流程和稳定性评价方法。
2. 掌握功能性食品安全学评价和功能学评价的基本内容。

功能性食品是能调节身体机能的特殊食品，其研制和开发已成为全球食品工业研究的热点和前沿。近年来，功能性食品在全世界范围内的发展趋势强劲，每年均以10%的速度递增。功能性食品的研发不仅有利于调节国民身体机能、降低医疗负担，还有助于国家和社会的经济发展。功能性食品通常声称拥有特定的健康益处或治疗疾病的效果，因此需要进行科学评估来确认其效果和安全性。此外，对功能性食品进行评价可以帮助消费者了解最适合他们营养需求的产品，从而做出明智的购买决定。通常来说，功能性食品的评价包括稳定性评价、安全性评价（毒理学评价）、功能学评价和卫生学评价。

第一节　功能性食品研发流程

很久以前，人类就发现食物对健康有促进作用。随着食物成分和健康关系的深入研究，功能性食品逐渐成为研究重点。尽管所有食物都能提供生存所需的能量和营养，但"功能性食品"指的是除了基本营养外还具有额外健康功效的食品。食品和营养科学已经从简单纠正营养缺陷发展到设计功能性食品，以推动身体达到最佳健康水平并降低患病风险。开发功能性食品需要遵循科学步骤，美国食品科学协会（IFT）汇总了世界各地的专家意见，总结了功能性食品开发的科学步骤，主要包括如下7个流程：

（1）确定食物成分和健康效益之间的关系。
（2）论证食物成分的功效并确定达到理想功效的必需摄入量。
（3）论证必需摄入量下功效成分对人体的安全性。
（4）开发功效成分的合适食品载体。
（5）论证功效和安全性评价的试验证据是充分科学的。
（6）将产品功效传递给消费者。
（7）产品上市后的监督以进一步确定功效和安全性。

一、确定食物成分和健康效益之间的关系

确定食物成分与健康效益之间的关系必须建立在科学理论基础之上。大量科学文献详细

描述了食物成分与健康效益之间潜在的关联。一旦研究者确认了二者之间的关系，就需要选择适当的实验材料进行对照试验，以深入研究二者之间的关系。举例来说，为了研究植物酚类的健康效益，研究者进行了多种流行病学和临床对照试验，结果显示植物酚类具有多种潜在健康效益，包括降低高血压风险、减少心血管疾病风险以及清除体内自由基的抗氧化作用。

二、论证食物成分的功效并确定达到理想功效的必需摄入量

首先，需要确定功能性食品中的活性成分结构，并确定定量检测该成分的方法。当某些活性成分的结构无法完全确认时（如萜类或生物碱类），可以使用该活性物质的"指纹图谱"进行鉴定。如果研究者对某些活性成分的化学鉴定方法了解不足或完全不了解，通常会选择替代化合物进行功效评估。其次，需要评估整个功能性食品配方中活性成分的稳定性和生物利用率。活性成分的稳定性和生物利用率受该成分的理化状态、食品配方中其他成分、食品加工过程以及环境因素的影响。最后，进行功效试验。功效试验需要通过合适的生物学终点和生物标志物来评估。少数情况下，研究者可以直接测定生物学终点和生物学效应，但在多数情况下，必须选择适当的生物标志物来间接评估功效。目前，多采用 Hill 在 1971 年提出的方法作为功效评估的标准。

（1）相关性的强度：通过统计分析，确定数据之间的关联是否具有统计学上的显著性，从而证明生物效应与功效成分摄入量之间的关系。

（2）相关性的一致性：不同领域、不同来源及不同类型试验的数据如何很好地支持这种相关性。

（3）相关性的特异性：数据能否证明活性成分和功效之间的关系。

（4）相关性中的偶然联系：观察到的功效是否紧跟在摄入活性物质之后出现。

（5）量效关系：数据是否能证明功效随活性物质摄入量的增加而上升。

（6）生物学似是而非性：是否存在解释活性成分功效的似是而非的机理。

（7）试验证据的一致性：当从整体考虑，活性成分和功效之间的关系能否有助于解释试验得到的数据。

（8）此外，IFT 专家团认为还应考虑：试验证据的数量和类型、试验证据的质量、总体的试验的证据、证据与特定功效声称的相关性。

三、论证必需摄入量下功效成分对人体的安全性

在评估安全性时，应该考虑消费者对功效成分反应的多个相关因素，包括遗传、性别、年龄、生活方式和营养状况。同时，也应该考虑功效成分的特性以及人群对该成分的敏感性。举例而言，设计给孕妇食用的功能性食品时，需要进行生殖功能评估。以下是安全性评估的指导原则：

（1）如果不是一种新型化合物，则需要回溯该成分的使用历史。

（2）评估该功效成分在人群中的摄入量。

（3）必需摄入量下的毒理或者安全评价。

（4）生物利用率及在体内的可能作用模式。

（5）评估功效成分在体内的半衰期。

（6）评估该化合物在功效剂量范围内的量效关系。

（7）明确药理学或者毒理学效应。

（8）过敏反应的证据。

四、开发功效成分的合适食品载体

开发适合的食品载体至关重要。国内大多数功能食品采用药物形态，如片剂、胶囊和口服液，而国外越来越注重产品的食品属性。选择食品载体要考虑稳定性、可接受性、活性成分的生物利用率以及目标人群的消费和生活习惯。功能食品的功效与消费者依从度密切相关，消费者依从度是成功的关键。将活性成分应用到食品载体中面临挑战，因为其具有不佳的感官特性，如 ω-3 脂肪酸的气味和酸蔓果的味道。随着食品加工技术的发展，这些问题正逐渐解决，如微胶囊技术可将 ω-3 脂肪酸添加到谷物和奶制品中。食品载体应提供稳定环境，确保活性成分的生物利用率，并根据目标消费者的特点选择适合的载体。例如，降低血脂的功能食品应选择目标人群常吃的食物作为载体。

五、论证功效和安全性评价的试验证据是充分科学的

为确保功效和安全性评价的试验证据具有充分科学性，评估应由具备专业技能的独立专家团队进行。成立一个独立专家团队来进行公认有效性（GRAE）评估不仅能增强公众信心，还能节省经费支出。该专家团队的多学科性将提供广泛的数据，确保结论既科学又符合消费者习惯。专家团队将根据 Hill 准则评估现有证据是否支持功效成分的健康声称。必须确保专家团队的独立性，并向公众公开团队成员的身份。专家团队可以由专业公司、私人咨询公司或开发功能食品的公司召集。

六、将产品功效传递给消费者

如果消费者不了解功能食品的功效，那么很少有人会购买这类食品并从中获益。同时，食品工业也缺乏开发新型功能食品的动力。要让消费者了解产品的功效，必须建立功能食品特性和食用后的健康效果之间的关联。研究消费者对功能食品功效的理解和感知至关重要。功能食品的功效需要完整、清晰、及时地传达给消费者。食品标签上的健康声明是向消费者传达膳食成分保健功效教育的重要途径。媒体在传播科研进展和培养消费者对新型功能食品成分的关注方面发挥着重要作用。

为指导产品功效的信息沟通，国际食品信息委员会（IFIC）会同 IFT 及其他组织，发布了"膳食成分健康功效知识传递指导方针"。该指导方针主要内容包括：

（1）确定信息传达目标：确定传递膳食成分健康功效信息的具体目标和受众群体。

（2）评估科学证据：基于科学研究和数据，确定膳食成分健康功效信息的准确性和可靠性，透露某一具体研究的所有关键细节。

（3）选择信息传达渠道：选择最适合目标受众的信息传达渠道，如食品标签、宣传资料、网站等。

（4）制定信息传达内容：确保传达的信息准确、清晰、客观，避免夸大或误导性言辞，清楚传达新研究发现和多数人传统观念的差别，并将新研究发现置于消费者作出膳食决策所

需的背景知识之中。

（5）评估效果和反馈：监测信息传达效果，收集消费者反馈，及时调整和改进传达策略，考虑同行评论的情况。

七、产品上市后的监督以进一步确定功效和安全性

上市后监督（IMS）是指在某种功能性食品推向市场后收集该功能性食品实际功效信息的过程。IMS通过监测实际产品消费模式和功效成分对消费者膳食模式的影响，并确定是否存在产品上市前未发现的负面健康效应。

最佳IMS方案应该根据具体情况而定，它可以是主动或被动的。在主动IMS方案中，发起者（主要指食品制造商）聘请专家组对消费者实际摄入功能食品模式进行系统调查。被动IMS方案需要收集消费者对产品抱怨（如可能的污染、感官因素）信息、文档记录和评估，可能还包括负面健康效应事件的报告。IMS计划的目标包括监视已达到的摄入量和评价活性成分的实际功效。如果了解到活性成分在膳食中的存在量，检测试验就能评估该成分的吸收和利用情况。如果可以在血液和其他体液中定量检测到该成分或其代谢物，就能有效评估消费者对该成分的摄入水平和生物利用率。一旦摄入量确定，研究人员就能评估添加某种活性成分后膳食产生的功效，确定功能食品刚推出时人群对该功能食品活性成分的基础暴露水平，然后确定服用功能食品后的暴露水平和功效，从而掌握功能食品的功效。这些试验需要依靠大型数据库或临床试验，而且困难、费时、费力，尽管它们很有用，但进行长期试验的实际困难使其几乎不可能完成。

第二节　功能性食品稳定性评价

功能性食品应该按照国家有关标准和规定的要求，根据样品的具体情况，正确合理地开展稳定性试验设计和研究，具体可参照保健食品稳定性评价方法。

一、基本原则

功能性（保健）食品稳定性评价的基本原则主要包括以下三条：

（1）功能性（保健）食品稳定性试验是指保健食品通过一定程序和方法的试验，考察样品的感官、化学、物理及生物学的变化情况。

（2）根据稳定性试验，考察样品在不同的环境条件下（如相对湿度、温度等）的感官、物理、化学及生物学特性随着时间增加其变化的程度和规律，从而判断样品贮存条件、包装和保质期内的稳定性。

（3）根据样品的不同特性，稳定性试验通常可采取短期试验、长期试验或加速试验。

短期试验：一般该类样品的保质期≤6个月，在常温或说明书规定的贮存条件下考察其稳定性。

长期试验：一般该类样品的保质期>6个月，在说明书规定的条件下考察样品稳定性。

加速试验：一般该类样品的保质期为2年，为了缩短样品的考察时间，可在加速条件下

考察样品的感官、物理、化学及生物学方面的变化。

二、稳定性试验要求

（一）样品的分类

开展稳定性试验的样品包括普通样品和特殊样品两类。普通样品是指对贮存条件没有特殊要求的样品，可以在常温条件下贮存，如固体类样品（颗粒剂、粉剂、片剂、胶囊剂等）和液体类样品（饮料、口服液、酒剂等）。特殊样品是指对贮存条件有特殊要求的样品，如鲜蜂王浆类、益生菌类等。

（二）样品的批次、取样和用量

应符合现行法规，满足稳定性试验的要求。

（三）样品包装及试验放置条件

稳定性试验样品所采用的包装材料、封装条件和规格应与说明书、产品质量标准中的要求一致。

对于普通样品，加速试验条件为温度（37±2)℃、相对湿度 RH（75±5)％、避免光线直射，贮存 3 个月；短期试验、长期试验应在说明书规定的储存条件下贮存，贮存时间根据产品质量标准及说明书声称的保质期而定。

对于特殊样品，需要在说明书规定的贮存条件下进行贮存。

（四）试验时间

稳定性试验中应该设置多个考察时间点，这些考察时间点应根据对样品的性质（理化、感官、生物学）了解及其变化趋势进行设定。

对于普通样品，长期试验一般考察的时间应与样品的保质期一致，如保质期定为 2 年的样品，则应对 0、3、6、9、12、18、24 个月样品进行检验，0 月的数据可以使用同批次样品卫生学试验结果。加速试验一般的考察时间为 3 个月，即对放置 0、1、2、3 个月的样品进行考察，0 月的数据可以使用同批次样品卫生学试验结果。

对于特殊样品，需要在说明书规定的贮存条件下进行考察。保质期≤3 个月，应在贮存0、终月（天）进行检测；保质期>3 个月，应按每 3 个月检测一次（包括贮存 0、终月）的原则进行考察。

（五）考察指标

遵循产品质量标准规定的方法，对申请人送检样品的卫生学及其与产品质量有关的指标在保质期内的变化情况进行检测。

（六）检测方法

应按产品质量标准规定的检验方法进行稳定性试验考察指标的检测。

三、稳定性试验结果评价

功能性（保健）食品稳定性试验结果评价是对试验结果进行系统分析和判断，检测结果应符合产品质量标准规定。

（一）确定贮存条件

应综合分析稳定性试验的研究结果、功能性（保健）食品在生产和流通过程中可能出现的情况，以及已上市的同类产品的贮存条件，从而确定适宜的产品贮存条件。

（二）确定功能性（保健）食品直接接触的包装材料、容器

一般结合稳定性研究结果和功能性（保健）食品的具体情况来确定适宜的包装材料。

（三）确定保质期

功能性（保健）食品的保质期的确定应该综合考虑产品的具体情况和稳定性考察的结果，进行短期或长期试验以考察产品质量稳定性，总体考察时间应覆盖预期的保质期，应以与 0 月数据相比无明显变化的最长时间点为参考，根据试验结果和产品特性综合确定保质期；对于进行加速试验的样品，根据结果确定保质期，通常为 2 年；对于同时进行加速试验和长期试验的样品，其保质期主要以长期试验结果为准。

第三节　功能性食品安全性评价

安全性毒理学评价是对功能食品进行功能学评价的前提，主要评价食品在生产、加工、保藏、运输和销售过程中使用的化学和生物物质以及在这些过程中产生和污染的有害物质、食物新资源及其成分和新资源食品。功能性食品或其中的功效成分必须首先确保食用的安全性。功能性食品安全性评价必须按照卫生部规定的《食品安全毒理学评价程序和方法》严格执行，开展其中的第一、二阶段毒理学试验，并根据评判结果决定是否开展第三、四阶段的毒理学试验。对于使用普通食品原料或药食两用原料（被我国卫生部公布为既是食品又是药品原料资源）的功能性食品，可以不进行毒理学试验。

一、功能性（保健）食品毒理学评价的总原则

主要采用分阶段进行的原则，即优先安排费用低、试验周期短和预测价值高的试验。登记或投产之前必须开展第一、二阶段的试验。凡是属于我国首创、使用面广、产量较大、接触机会较多、化学实验结果显示有慢性毒性和致癌作用可能的产品，必须开展第四阶段试验。

二、功能性（保健）食品选择毒理学试验的五项原则

（1）药食兼用资源、普通食品以及允许作为保健食品以外的原料及其提取物生产保健食品时应该开展安全性评价。在国内外均没有食用历史的成分或原料需要开展四个阶段的毒性试验；在少数地区或者国家有食用历史的，原则上需要开展前三个阶段的毒性试验，必要的时候需要开展第四个阶段的毒性试验；根据有关文献报道或者成分分析发现没有毒性或者毒性甚微的成分或原料，需要先开展第一、二阶段的试验，经结果评估后再决定是否开展后续试验；采用已知化学物质为原料时，当与国外产品的质量一致且国际组织已有毒理学评价时，需要先开展第一、二阶段的试验，经结果评估后再决定是否开展后续试验；国外许多国家广泛食用的原料，需要先开展第一、二阶段的试验，经结果评估后再决定是否开展后续试验。

（2）采用卫生部规定的允许作为保健食品生产的原料生产功能性（保健）食品时，需要开展急性毒性试验、三项致突变实验和 30d 喂养试验，必要的时候需要开展第三阶段试验和

传统致畸试验。

（3）采用普通食品、卫生部规定的药食兼用资源为原料生产的功能性（保健）食品时，根据加工方式确定需要开展的实验内容。

（4）采用已经被列入营养补充剂或营养强化剂的化合物作为原料生产功能性（保健）食品时，可以不开展毒理学实验。

（5）如果有必要，可针对性地增加敏感试验或者敏感指标。

三、毒理学评价试验的四个阶段与试验原则

（一）毒理学评价试验的四个阶段

第一阶段：急性毒性试验，包含联合急性毒性和经口急性毒性（LD_{50}）。

第二阶段：传统致畸试验、遗传毒性试验、短期喂养实验。

第三阶段：亚慢性毒性试验（90d喂养试验）、代谢试验和繁殖试验。

第四阶段：慢性毒性试验（包括致癌试验）。

（二）试验原则

（1）凡是属于我国首创的物质，一般要求开展四个阶段的试验。尤其是对化学结构中显示可能存在遗传毒性、慢性毒性或者致癌性的物质，或者产量大、摄入机会多的物质，必须开展四个阶段的全部毒性试验。

（2）凡是属于与已知物质（指通过安全性评价且允许使用的物质）化学结构基本相同的类似物或者衍生物，则依据第一、二、三阶段的毒性试验结果评判是否需要开展第四阶段的毒性试验。

（3）凡是属于世界卫生组织已公布每日容许摄入量（ADI）的已知化学物质，同时有资料证明该产品的质量规格和国外产品一致时，则可以先开展第一、二阶段的毒性试验，若结果与国外产品一致，则不需要开展进一步的毒性试验，若结果不一致，则需要开展第三阶段的毒性试验。

（4）食品新资源及其食品原则上要求开展第一、二、三阶段的毒性试验，以及必要的人群流行病学调查，必要的时候还应该开展第四阶段的试验。如果根据文献报道及成分分析，发现没有有害物质或者量很少不至于构成健康危害的物质，以及食用历史悠久而未发现有害作用的天然动植物（包括作为调料的天然动植物的粗提制品），可对其开展第一、二阶段的毒性试验，然后经过结果评估决定是否开展后续毒性试验。

（5）凡是属于毒理学资料比较完整，不需要规定日允许摄入量或者WHO已公布日允许摄入量的物质，要求开展一项致突变试验和急性毒性试验，一般推荐开展Ames试验或小鼠骨髓微核试验。

（6）凡是属于毒理学资料不完整，或者有一个国际组织或国家批准使用，但WHO未公布日允许摄入量的物质，需要先开展第一、二阶段的试验，然后根据结果评估是否开展后续毒性试验。

（7）针对采用天然植物制备的单一组分或高纯度添加剂，凡是属于新产品的，需要先开展第一、二、三阶段的毒性试验，凡是属于国外已经批准使用的，则只需要开展第一、二阶段的毒性试验。

（8）凡是属于国际组织未允许使用、且尚无资料可查的物质，需要先开展第一、二毒性试验，然后经结果评估之后决定是否开展后续毒性试验。

四、食品毒理学评价的目的和试验内容

（一）急性毒性试验（第一阶段）

开展急性毒性试验的目的是通过试验测定获得半致死剂量（LD_{50}），了解受试物的性质、毒性强度和可能的靶向器官，从而为确定进一步开展毒性试验的剂量和毒性判定指标提供选择依据。该试验内容主要包括口急性毒性（LD_{50}）试验和联合急性毒性试验。

（二）遗传毒性试验、传统致畸试验和短期喂养试验（第二阶段）

开展遗传毒性试验的目的是评价受试物的遗传毒性以及筛选其是否具有潜在致癌作用；传统致畸试验是为了了解受试物对于胎仔是否具有致畸作用；短期喂养试验是指对只需要开展第一、二阶段的受试物，以急性毒性试验为基础，通过 30d 的短期喂养试验，进一步了解受试物的毒性作用，并依据结果估计该物质的最大无作用剂量。第二阶段的试验内容主要包括：①细菌致突变试验。首选试验项目为鼠伤寒沙门菌/哺乳动物微粒体酶试验（Ames 试验），必要的时候可以另外选择或者加选其他试验；②小鼠骨髓微核率测定或骨髓细胞染色体畸变分析；③小鼠精子畸形分析和睾丸染色体畸变分析。

（三）亚慢性毒性试验（90d 喂养试验）、代谢试验和繁殖试验（第三阶段）

第三阶段的毒性试验主要是以不同剂量水平经过较长时间喂养后，观察受试物对动物的毒性作用性质和靶向器官，从而初步确定最大作用剂量；了解受试物对动物繁殖及对胎仔的致畸作用，为慢性毒性和致癌作用试验的剂量选择提供参考依据。

第三阶段的试验内容主要包括：90d 喂养试验、繁殖试验、代谢试验。代谢试验主要是了解受试物在体内的分布、吸收、排泄速度和蓄积性，从而寻找可能的靶向器官；它还能为开展慢性毒性试验时选择合适动物种系提供依据；也能了解是否会形成毒性代谢物。

（四）慢性毒性试验（包括致癌试验）（第四阶段）

该阶段的试验是了解经过长期接触受试物后出现的毒性作用，特别是不可逆或者进行性的毒性作用以及致癌作用；该阶段试验可以最后确定最大无作用剂量，为受试物最终是否能够应用于食品提供评价依据。

五、食品毒理学试验结果的判定

（一）急性毒性试验

如果一种受试物的 LD_{50} 剂量小于人类可能摄入量的 10 倍，则应停止将其用作食品，不再进行其他毒理学试验。如果 LD_{50} 剂量大于人类可能摄入量的 10 倍，则可以进行下一阶段的毒理学试验。对于 LD_{50} 在人类可能摄入量的 10 倍左右的受试物，应进行重复试验或使用另一种方法进行验证。

（二）遗传毒性试验

根据受试物的化学结构、物化性质以及对遗传物质作用终点的不同，应综合考虑体外和体内试验，对比体细胞和生殖细胞的原则，在鼠伤寒沙门菌/哺乳动物微粒体酶试验（Ames 试验）、小鼠骨髓微核率测定、骨髓细胞染色体畸变分析、小鼠精子畸形分析和睾丸染色体

畸变分析中选择四项试验，根据以下原则对结果进行判断：

（1）如果三项试验均为阳性，则表明受试物可能具有遗传毒性和致癌作用，应避免将其用于食品，并不继续进行其他毒理学试验。

（2）如果两项试验为阳性，并且短期喂养试验显示出显著的毒性作用，则通常不应用受试物于食品中。如果短期喂养试验显示出可疑的毒性作用，则应根据综合评估结果决定受试物的应用。

（3）如果有一项试验为阳性，则应选择 V79/HGPRT 基因突变试验、显性致死试验、果蝇伴性隐性致死试验、程序外 DNA 修复合成（UDS）试验中的两项遗传毒性试验进行进一步评估。若这两项试验均为阳性，则应放弃将受试物用于食品，无论短期喂养试验和传统致畸试验显示出何种毒性与致畸作用。如果只有一项试验为阳性，并且在短期喂养试验和传统致畸试验中未出现显著毒性与致畸作用，则可以继续进行第三阶段毒性试验。

（4）如果四项试验结果均为阴性，则可以继续进行第三阶段毒性试验。

（三）短期喂养试验

在只要求进行两阶段毒性试验的情况下，若短期喂养试验未显示出明显的毒性作用，结合其他试验结果可以给出初步评估。如果试验结果显示明显的毒性作用，尤其是存在剂量—反应关系时，则应该考虑开展进一步的毒性试验。

（四）90d 喂养试验、繁殖试验、传统致畸试验

根据这三项试验中采取的最敏感指标所得的最大无作用剂量进行评价，如果最大无作用剂量小于或等于人类可能摄入量的 100 倍，表示毒性较强，不应将受试物用于食品。如果最大无作用剂量在 100~300 倍，则应进行慢性毒性试验。而如果最大无作用剂量大于或等于 300 倍，则无须进行慢性毒性试验，可以进行安全性评价。

（五）慢性毒性（包括致癌）试验

根据慢性毒性试验得到的最大无作用剂量进行评价，如果最大无作用剂量小于或等于人类可能摄入量的 50 倍，说明毒性很强，不应将受试物用于食品。如果最大无作用剂量在 50~100 倍，则应进行安全性评价，然后决定是否可将受试物用于食品。而如果最大无作用剂量大于或等于 100 倍，则可以考虑允许其用于食品。

六、功能性（保健）食品毒理学评价应该考虑的问题

（一）试验指标的生物学意义和统计学意义

在分析对照组和实验组指标在统计学的差异显著性时，应该根据同类指标横向比较、有无剂量—反应关系以及与本实验室历史性对照值范围比较的原则等，综合评估指标差异是否具有生物学意义。

（二）毒性作用与生理作用

对于实验中出现的某些指标的异常改变，在结果评价分析时要着重区分是受试物的毒性作用还是生理学表现。

（三）时间—毒性效应关系

在分析评价受试物引起的毒性效应时，要充分考虑同一剂量水平下毒性效应随着时间的变化情况。

（四）敏感人群和特殊人群

对于儿童、孕妇或者乳母食用的功能性（保健）食品，应该尤其注意其胚胎或者生殖发育毒性、免疫毒性和神经毒性。

（五）推荐摄入量较大的功能性（保健）食品

当给予受试物的量过大的时候，可能会影响营养素的摄入量及其生物利用率，从而导致某些毒理学现象的出现，对于推荐摄入量较大的功能性（保健）食品，应该充分考虑这种情况，不要误以为是受试物的毒性作用所导致的。

（六）含有乙醇的功能性（保健）食品

对于试验过程中出现的某些指标的异常变化，在结果评价分析时应该着重区分是乙醇本身还是其他成分的作用。

（七）实验动物年龄对试验结果的影响

对于试验过程中出现的一些指标异常变化，应该考虑是否是动物的年龄选择不合适所导致的，因为年幼或者老年动物对于受试物可能更加敏感。

（八）安全系数

鉴于动物、人的种属和人体之间的生物学差异，安全系数通常为100。

（九）人体资料

在评价功能性（保健）食品的安全性时，应该尽可能地收集人群食用受试物之后的反应资料。必要情况下，在确保安全时可根据有关规定开展人体试食试验。

（十）综合评价

在做最终评价时，必须权衡受试物可能对人体健康带来的风险与潜在的好处。评估的依据不仅包括科学实验数据，还受到当时的科学水平、技术条件和社会因素的影响。随着时间的推移，结论很可能会有所不同，因为情况不断变化，科学技术不断进步，研究工作也在不断进行。对于长期在食品中使用的物质，进行流行病调查对接触群体具有重要意义，但往往难以获得可靠的剂量—反应关系资料。而新的受试物质只能依靠动物试验和其他研究资料。然而，即使有了完整和详尽的动物试验数据以及一部分人类接触者的流行病学研究数据，由于人类的种族和个体差异，也很难做出能确保所有人安全的评估。

（十一）功能性（保健）食品的重新评价

安全性评价不仅依据科学试验的结果，还与当下的技术条件、科学水平以及社会因素等密切相关。所以随着时间的推移，得出的结论可能不同。在科学技术和研究不断进步和发展的情况下，有必要对已通过评价的受试物进行重新评价，得出最新的、适合当下情况的科学结论。

第四节　功能性食品功能学评价

功能性评价是功能性食品科学研究的核心内容，是指对功能性食品的功能开展动物或（和）人体试验加以确认评价。功能性试验指的是检验机构按照国家食品药品监督管理局颁布的或者企业提供的保障食品功能学评价程序和检验方法，对申请人送检的样品进行的以验证保健功能为目的的动物试验或人体试食试验。功能性食品所声称的生理功效必须是肯定而明确的，并且是经得起科学方法的验证和具有重现性的。

一、功能学评价基本要求

（一）对受试样品的要求

（1）提供受试样品的原料成分以及尽可能提供有关受试样品的物理和化学性质的资料，包括化学结构、纯度和稳定性等。

（2）受试样品必须符合特定的配方、生产工艺和质量标准，必须是规格化的定型产品。

（3）提供受试样品的安全性毒理学评价和卫生学检验报告，确保受试样品已通过食品安全性毒理学评价确认为安全物质。

（4）提供受试样品中功效成分或特征成分、营养成分的名称和含量信息。

（5）如果需要进行违禁药物检测，应提供与功能评价相同批次样品的违禁药物检测报告。

（二）对试验动物的要求

（1）根据具体试验要求，合理选择试验动物。常用的包括小鼠和大鼠，品系不限，建议使用近交系动物。

（2）根据试验需要选择动物的性别和年龄。每组小鼠至少10只（同一性别），每组大鼠至少8只（同一性别）。动物的年龄可根据具体试验要求确定，常选用成年动物。

（3）试验动物应符合二级试验动物的标准。

（三）对受试样品的剂量及时间要求

（1）不同试验应设立至少3个剂量组，并且设立阴性对照组，必要时可以设立空白对照组或阳性对照组。剂量选择应该合理，尽可能确定最低有效剂量。在3个剂量组中，可以选择一个剂量相当于人类推荐摄入量的5倍（大鼠）或10倍（小鼠），最高剂量不得超过人类推荐摄入量的30倍（特殊情况除外）。受试样品在功能试验中的剂量必须在毒理学评价中确定的安全剂量范围内。

（2）给予受试样品的时间应根据具体试验要求确定，通常为30d。如果给予受试样品的时间已达到30d，试验结果仍为阴性，则可以终止试验。

（四）对受试样品处理的要求

（1）当受试样品的推荐量较大，超过试验动物的灌胃容量或掺入饲料的承受量时，可以适量减少非功效成分的含量。

（2）对于含有乙醇的受试样品，最好使用定型产品进行功能实验，三个剂量组的乙醇含量应与定型产品相同。若受试样品的推荐量超过动物的最大灌胃容量，允许对其进行浓缩，但最终浓缩液体的乙醇含量应恢复至原始含量。如果乙醇含量超过15%，可以将其降至15%。调整受试样品的乙醇含量应使用原产品的酒基。

（3）在需要浓缩液体受试样品时，应选择不破坏功效成分的方法。通常可以选择60～70℃的减压浓缩。具体浓缩倍数取决于试验要求。

（4）对于冲泡形式的受试样品，可以使用该受试样品的水提取物进行功能试验，提取的方式应与产品推荐的食用方式一致。如果产品没有特殊推荐的食用方式，则应采用以下提取方法：常压条件下，温度为 80~90℃，提取时间为 30~60min，水量为受试样品体积的 10 倍以上，提取两次，并将提取物浓缩至所需浓度。

（五）给予受试样品方式的要求

受试样品必须经口给予时，首选的方法是灌胃。如果无法通过灌胃给予，则可以将受试样品加入饮水中或掺入饲料中进行给予。

（六）合理设置对照组的要求

受试样品由载体和功效成分（或原料）组成时，如果载体本身可能具有相同的功能，则应将该载体作为对照。

（七）人体试食试验规程

（1）人体的可能摄入量。除了一般人群的摄入量以外，还应该考虑敏感人群和特殊人群如孕妇、儿童和高摄入人群。

（2）人体资料。在评价功能性（保健）食品的功能性时，应该尽可能地收集人群食用受试物之后的反应的资料。必要情况下，在确保安全时可根据有关规定开展人体试食试验。

（3）结果的重复性和剂量—反应关系。在将评价程序所列的试验阳性结果用于评价食品的功能（保健）作用时，应该充分考虑结果的剂量—反应关系和重复性，并根据该结果找出最小有作用剂量。

二、试验项目、试验原则和结果判定

功能性食品功能学评价的试验项目、试验原则和结果判定可参阅《保健食品检验与评价技术规范（2003 版）》。

复习思考题

1. 简述功能性食品的研发流程。
2. 功能性食品稳定性评价的原则包括哪些？
3. 简述功能性食品安全性评价的四个阶段和试验原则。
4. 列举功能性食品功能学评价的七条基本要求。

第四章 增强免疫力、抗氧化与 缓解疲劳的功能性食品

学习目标

1. 了解人体免疫系统。
2. 了解免疫低下、氧化应激损伤和疲劳产生的原因和机理。
3. 掌握增强免疫力、抗氧化与缓解疲劳的功能性食品和生理活性因子。

第四章课件

第一节 有助于增强免疫力的功能性食品

一、概述

免疫系统是人体的一套防御机制,负责保护机体免受病原体(如细菌、病毒、真菌等)、异物(如过敏原、异种细胞等)以及恶性细胞的侵害。免疫力的增强对于维护身体健康至关重要,而免疫系统和功能性食品之间有着密切的关系。增强免疫力的功能性食品是指含有特定的营养素或活性成分,能够帮助加强免疫系统功能如对疾病的抵抗力、抗感染、抗肿瘤并维持自身生理平衡的食品。通过选择富含特定营养成分和具有特殊功能的功能性食品,我们可以有效地提高免疫系统的效能。

（一）免疫系统

免疫系统起着保护宿主免受环境中存在的传染性病原体(细菌、病毒、真菌、寄生虫)和其他有害侵害的作用。免疫系统处于活跃状态,以区分"非自身"和"自身"。免疫系统有两个功能性部分:先天(或自然)免疫系统和获得性(也称为特异性或适应性)免疫系统。免疫系统的两个组成部分涉及各种血液因子(补体、抗体、细胞因子)和细胞。这些细胞通常被称为白细胞(或白血细胞)。白细胞分为两大类:吞噬细胞 [包括粒细胞(中性粒细胞、嗜碱性粒细胞、嗜酸性粒细胞)、单核细胞和巨噬细胞] 和淋巴细胞。淋巴细胞分为 T 淋巴细胞、B 淋巴细胞和自然杀伤细胞。T 淋巴细胞进一步分为辅助 T 细胞(这些细胞的鉴别特征在于表面的 CD4 分子)和细胞毒 T 细胞(这些细胞的鉴别特征在于表面的 CD8 分子)。免疫系统所有的细胞都起源于骨髓。它们在血液中循环,聚集在淋巴器官,如胸腺、脾脏、淋巴结、肠相关淋巴组织,或散布在身体其他地方。

（二）先天免疫与获得性免疫

先天免疫是对抗传染病原体的第一道防线。它存在于病原体暴露之前,并且其活性不会

因此类暴露而增强。

先天免疫是为了防止病原体进入体内，如果它们已经进入了，就要迅速清除它们。清除可以通过以下方式实现：①通过补体直接破坏病原体，由吞噬细胞释放的毒性化学物质（如超氧自由基和过氧化氢）或自然杀伤细胞释放的毒性蛋白破坏病原体；②通过吞噬细胞吞噬病原体，这个过程称为吞噬作用，通过用宿主蛋白（如补体或抗体）包覆入侵病原体并随后摧毁它们来提高效率。

获得性免疫涉及对侵入病原体上的分子（抗原）的特异识别，区分这些抗原可确定它们是对宿主而言的外来物质。抗原的识别是通过抗体［由 B 淋巴细胞产生的免疫球蛋白（Ig）］和 T 淋巴细胞完成的。T 淋巴细胞只能识别细胞表面显示的抗原。因此，细胞内病原体感染时，细胞表面表达源自该病原体的肽段会传递信号给 T 淋巴细胞。这些肽段会被输送到感染细胞的表面，并与称为主要组织相容性复合物（MHC）的蛋白一起表达出来；在人体内，MHC 被称为人类白细胞抗原。由病原体来源的与 MHC 结合的肽段被 T 淋巴细胞识别。MHC 有两类，MHC Ⅰ 和 MHC Ⅱ，各自结合的肽段来源有所不同。MHC Ⅰ 结合源自宿主细胞胞质内合成的病原体蛋白的肽段，典型的是来自病毒或某些细菌。结合到 MHC Ⅱ 的肽段来自已被巨噬细胞吞噬或被抗原呈递细胞（巨噬细胞、树突状细胞、B 淋巴细胞）内吞的病原体。在 T 淋巴细胞表面，T 细胞受体会识别 MHC—肽段复合物。表达 CD8 的 T 淋巴细胞识别 MHC Ⅰ，而表达 CD4 的 T 淋巴细胞识别 MHC Ⅱ。因此，细胞内病原体刺激细胞毒性 T 淋巴细胞作用来清除感染细胞，而细胞外病原体则刺激辅助 T 细胞介导应答。

（三）体液免疫和细胞介导免疫

获得性免疫系统包含一种记忆组分，因此如果再次遇到抗原（即再次受感染）反应会比初次反应更快更强。虽然免疫系统整体上可以识别成千上万种抗原，但每个淋巴细胞只能识别一种抗原，所以特定抗原的淋巴细胞数量必须非常有限。然而，当遇到抗原时，它会结合到识别它的少数几个淋巴细胞上，并导致它们分裂，以增加能够对抗原作出反应的细胞数量，这一过程称为淋巴细胞扩增或增殖。B 淋巴细胞增殖并成熟为产生抗体的细胞（浆细胞），T 淋巴细胞增殖并能直接清除病毒感染细胞（细胞毒性 T 淋巴细胞）或控制参与反应的其他细胞的活动（辅助 T 细胞）。B 淋巴细胞对抗原的反应称为体液免疫，T 细胞对抗原的反应称为细胞介导免疫。

二、营养与免疫功能

营养与免疫功能之间的关系一直备受关注，营养素在维持免疫系统健康和功能方面发挥着重要作用。不同的营养素，如维生素、矿物质和蛋白质，都对免疫系统起到调节作用。一般情况，营养不良会损害免疫系统，抑制对病原微生物的宿主保护所必需的免疫功能。导致免疫功能受损的营养不良可能是能量和大量营养素摄入不足，或由于特定微量营养素（维生素和矿物质）缺乏。这些缺乏通常会同时出现。显然，营养不良的影响在发展中国家最为严重，但在发达国家也很重要，尤其在老年人、有进食障碍的人、酗酒者、患有某些疾病的患者以及早产儿和生长受限的婴儿中尤为突出。均衡的饮食和营养摄入对于维持健康的免疫系统至关重要。合理的营养搭配可以增强机体对抗病原体的能力，提高免疫应对能力，减少疾病的发病率。因此，关注营养摄入并根据自身需要补充必要的营养素是维持免疫系统健康的重要措施。

三、常见的有助于增强免疫力的功能性食品

（一）蛋白质

蛋白质是机体免疫防御体系的"建筑原材料"，我们人体的各免疫器官以及血清中参与体液免疫的抗体、补体等重要活性物质（即可以抵御外来微生物及其他有害物质入侵的免疫分子）都主要由蛋白质参与构成。当人体出现蛋白质营养不良时，免疫器官（如胸腺、肝脏、脾脏、黏膜、白细胞等）的组织结构和功能均会受到不同程度的影响，特别是免疫器官和细胞免疫受损会更严重些。

（二）维生素

1. 维生素 A

维生素 A 从多方面影响机体免疫系统的机能，包括对皮肤/黏膜局部免疫力的增强，提高机体细胞免疫的反应性以及促进机体对细菌、病毒、寄生虫等病原微生物产生特异性的抗体。鱼肝油、动物肝脏、绿叶蔬菜（菠菜、甘蓝、芹菜）、橙色蔬菜（胡萝卜、南瓜、甜椒）富含维生素 A，可以满足身体对维生素 A 的需要。

2. 维生素 C

维生素 C 是人体免疫系统所需的维生素，是一种强效抗氧化剂，能够捕捉自由基，保护免疫细胞免受氧化损伤。它可以提高具有吞噬功能的白细胞的活性；还参与机体免疫活性物质（即抗体）的合成过程；也可以促进机体内产生干扰素（一种能够干扰病毒复制的活性物质），因而被认为有抗病毒的作用。柑橘类水果（橙子、柠檬、葡萄柚）和蔬菜（红辣椒、西兰花）是维生素 C 的良好来源。

3. 维生素 E

众所周知，维生素 E 是一种重要的抗氧化剂，但它同时也是有效的免疫调节剂，能够促进机体免疫器官的发育和免疫细胞的分化，提高机体细胞免疫和体液免疫的功能。它在细胞膜中发挥重要作用，保护免疫细胞免受氧化应激。坚果（杏仁、腰果、核桃）和植物油（橄榄油、麻油）富含维生素 E，有助于维持免疫系统的正常功能。

（三）矿物质

1. 锌

锌是在免疫功能方面被关注和研究的最多的元素，它的缺乏对免疫系统的影响十分迅速和明显，且涉及的范围比较广泛（包括免疫器官的功能、细胞免疫、体液免疫等多方面），是维持机体免疫系统的正常发育和功能的关键成分，对于白细胞的正常功能至关重要。海鲜、禽肉、坚果等食物富含锌，有助于提高抵抗病毒和其他病原体的能力。

2. 铁

铁作为人体必需的微量元素对机体免疫器官的发育、免疫细胞的形成以及细胞免疫中免疫细胞的杀伤力均有影响。铁是较易缺乏的营养素，多见于儿童和孕妇、乳母等人群，尤其是婴幼儿与儿童的免疫系统发育还不完善，很易感染疾病，预防铁缺乏对这一人群有着十分重要的意义。

（四）益生菌和益生元

1. 益生菌

益生菌被定义为足量服用时能对机体产生有益影响的、活的微生物。乳酸菌在肠道内可产生一种四聚酸，可杀死大批有害的、具有抗药性的细菌。一般认为益生菌包括乳酸杆菌、双歧杆菌、酵母菌、丁酸梭菌等，但目前常用益生菌多为乳酸杆菌和双歧杆菌，两者安全性相对更高。乳酸菌菌体抗原及代谢物还通过刺激肠黏膜淋巴结，激发免疫活性细胞，产生特异性抗体和致敏淋巴细胞，调节机体的免疫应答，防止病原菌侵入和繁殖。它还可以激活巨噬细胞，加强和促进吞噬作用。双歧杆菌具有增强免疫系统活性，激活巨噬细胞，使其分泌多种重要的细胞毒性效应分子。双歧杆菌能增强机体的非特异性和特异性免疫反应，提高 NK 细胞和巨噬细胞活性，提高局部或全身的抗感染和防御功能。酸奶、酸黄瓜、酸菜等发酵食品富含益生菌，有助于维持肠道微生态平衡，提高免疫系统的免疫力。

2. 益生元

益生元被定义为：食用后能选择性促进肠道有益细菌生长的营养或食物成分，可以说是肠道有益菌的食物。目前公认的益生元包括膳食纤维、寡聚糖、多不饱和脂肪酸和多酚类等。益生元是一类可促进益生菌生长的非消化性碳水化合物。大蒜、洋葱、香蕉等食物含有丰富的益生元，为益生菌提供生长环境，加强它们的生存能力。

（五）活性多糖

活性多糖是一种新型高效免疫调节剂，能显著提高巨噬细胞的吞噬能力，增强淋巴细胞（T、B 淋巴细胞）的活性，起到抗炎、抗细菌、抗病毒感染、抑制肿瘤、抗衰老的作用。多糖主要分植物多糖、动物多糖、菌类多糖、藻类多糖等几种。

1. 香菇多糖

香菇多糖是 T 细胞特异性免疫佐剂，从活性 T 细胞开始，通过辅助 T 细胞再作用于 B 细胞。香菇多糖还能间接激活巨噬细胞，并可增强 NK 细胞活性，对实体瘤有抑制作用。

2. 猴菇菌多糖

猴菇菌多糖为猴头子实体中提取的多聚糖。猴菇菌多糖可明显提高小鼠胸腺巨噬细胞的吞噬功能，提高 NK 细胞活性。

3. 灵芝多糖

灵芝多糖为多孔菌科灵芝子实体中分离的水溶性多糖。灵芝多糖可使 T 淋巴细胞增多，加强网状内皮系统功能。灵芝多糖可提高免疫机能低下的老年小鼠的免疫功能，对抗体形成细胞的产生也有促进作用。

4. 猪苓多糖

猪苓多糖是从猪苓中得到的葡聚糖。猪苓多糖可增强单核巨噬细胞系统的吞噬功能，增加 B 淋巴细胞对抗原刺激的反应，使形成抗体的细胞数增加。

5. 茯苓多糖

茯苓多糖是从多孔菌种茯苓中提取的多聚糖，茯苓多糖、羟乙基茯苓多糖、羧甲基茯苓多糖等腹腔注射可明显增强小鼠腹腔巨噬细胞吞噬率和吞噬指数。体内外试验证明，茯苓多糖可不同程度地使 T 细胞毒性增强，增强动物细胞免疫反应，促进小鼠脾脏 NK 细胞活性。

6. 云芝多糖

云芝多糖从多孔菌种云芝中提取，是近年来引人注目的肿瘤免疫药物。国产云芝多糖可明显增强小白鼠对金黄色葡萄球菌、大肠杆菌、绿脓杆菌、宋内氏痢疾杆菌感染的非特异性抵抗力。

7. 黑木耳多糖

从果木耳子实体中提取，黑木耳多糖有明显促进机体免疫功能的作用，促进巨噬细胞吞噬和淋巴细胞转化等，对组织细胞有保护作用（抗放射和抗炎症等）。

8. 银耳多糖

它是从银耳子实体中得到的多聚糖。银耳多糖有明显的增强免疫功能，且影响血清蛋白和淋巴细胞核酸的生物合成，可显著增加小鼠腹胞巨噬细胞的吞噬功能。

9. 人参多糖

人参多糖可刺激小鼠巨噬细胞的吞噬及促进补体和抗体的生成。人参多糖对特异性免疫与非特异性免疫、细胞免疫与体液免疫都有影响。口服人参多糖可使羊红细胞、免疫小鼠的B细胞增加，血清中特异性抗体及IgG显著增加。

10. 刺五加多糖

它是由刺五加根中分离得到的7种多糖，对体外淋巴细胞转化有促进作用，还有促进干扰素生成的能力。

11. 黄芪多糖

它是由黄芪根中分离出一种的多糖组分，为葡萄糖与阿拉伯糖的多聚糖。黄芪多糖是增强吞噬细胞吞噬功能的有效成分。

12. β-葡聚糖

β-葡聚糖是一种在蘑菇类食物中常见的多糖，具有抗病毒和抗菌作用。食用蘑菇类食物，如香菇，能够增强免疫系统对病原体的识别和清除能力。

（六）多酚化合物

多酚化合物是"具有多酚结构（即芳香环上有多个羟基）"的天然产物，包括四大类：酚酸、类黄酮、芪类化合物、木脂素。类黄酮包括黄酮、黄酮醇、黄烷醇、黄烷酮、异黄酮、原花青素和花青素。食物中含量特别丰富的类黄酮有儿茶素（茶、水果）、橙皮素（柑橘类水果）、矢车菊素（红色水果和浆果）、大豆苷元（大豆）、原花青素（苹果、葡萄、可可）和槲皮素（洋葱、茶、苹果）等。酚酸包括咖啡酸。木脂素是从亚麻籽和其他谷物中发现的苯丙氨酸中提取的多酚。多酚化合物具有强大的抗氧化能力，有助于减轻炎症反应，提高免疫系统的应对能力。

（七）免疫球蛋白

免疫球蛋白是一类具有抗体活性或化学结构与抗体相似的球蛋白，普遍存在于哺乳动物的血液、组织液、淋巴液及外分泌液中。免疫球蛋白在动物体内具有重要的免疫和生理调节作用，是动物体内免疫系统最为关键的组成物质之一。有的免疫球蛋白存在于呼吸道、消化道和生殖道黏膜表面，能够防止发生局部感染；有的免疫球蛋白能够中和毒素和病毒；有的免疫球蛋白能够抵抗寄生虫感染。免疫球蛋白在19世纪末被首次发现后，在医学实践中曾发挥了巨大作用。但对其在食品工业中应用的研究则是近十年的事情。20世纪90年代美国公司陆续生产出了含活性免疫球蛋白的奶粉等，1998年新西兰健康食品有限公司的牛初乳粉和牛初乳片进入中国市场。近年来我国一些单位也加大了对免疫球蛋白作为功能性食品添加剂的研究与开发力度。

（八）免疫活性肽

人乳或牛乳中的酪蛋白含有刺激免疫的生物活性肽，大豆蛋白和大米蛋白通过酶促反应，可产生具有免疫活性的肽。免疫活性肽能够增强机体免疫力，刺激机体淋巴细胞的增殖，增强巨噬细胞的吞噬功能，提高机体抵御外界病原体感染的能力，降低机体发病率，并具有抗肿瘤功能。此外，抗菌肽、乳转铁蛋白Z、抗血栓转换酶抑制剂等生物活性肽也具有较强的免疫活性。随着研究的进一步深入，相信会有更多种类的免疫活性肽被人们发现并开发应用。免疫活性肽是短肽，稳定性强，所以它不仅可以制成针剂，作为治疗免疫能力低下的药物，而且可以作为有效成分添加到奶粉、饮料中，增强人体的免疫能力。

（九）其他

1. 超氧化物歧化酶

超氧化物歧化酶（SOD）是一种广泛存在于动物、植物、微生物中的金属酶，能清除人体内过多的氧自由基，因而它能防御氧毒性，增强机体抗辐射损伤能力，防衰老，在一些肿瘤、炎症、自身免疫疾病等治疗中有良好疗效。

2. 大蒜素

大蒜素具有抗肿瘤作用，其抗肿瘤作用具有多种多样的机制，从而显著提高机体的细胞免疫功能。

3. 各种细胞因子

细胞因子具有广泛的生物学作用，能参与体内许多生理和病理过程的发生与发展。随着基因工程技术的发展，目前已经有几十种细胞因子的基因被克隆并获得有生物学活性的表达。细胞因子作为一类重要和有效的生物反应调节剂，对于免疫缺陷、自身免疫、病毒性感染、肿瘤等疾病的治疗有一定效果。

4. 胸腺肽

胸腺肽来源于小牛、猪或羊的胸腺组织提取物，是一种可溶性多肽。其可增强T细胞免疫功能，用于治疗先天或获得性T细胞免疫缺陷病、自身免疫性疾病和肿瘤。

第二节　有助于抗氧化的功能性食品

一、概述

抗氧化是指抗氧化剂通过中和自由基和减少氧化应激的作用，保护细胞和组织免受氧化损伤的过程。自由基是指化合物的分子在光热等外界条件下，共价键发生均裂而形成的具有不成对电子的原子或基团。自由基是我们的身体通过各种内源系统、暴露于不同的理化条件或病理状态而产生的。自由基和抗氧化剂之间的平衡对于正常的生理功能是必要的。如果自由基压倒了身体调节自由基的能力，就会出现一种称为氧化应激的情况。因此，自由基会对脂质、蛋白质和DNA产生不利影响，并引发多种人类疾病。而抗氧化剂则可以帮助阻止或减轻这种氧化损伤，促进细胞的健康功能。相比化学合成抗氧化剂，天然抗氧化剂含量丰富的功能性食品更安全无毒，可以帮助维持氧化平衡，提供额外的保护，对抗氧化应激，从而改善健康。

（一）氧化应激

氧化应激是指机体在遭受各种有害刺激时，体内高活性分子如活性氧自由基（reactive oxygen species，ROS）和活性氮自由基（reactive nitrogen species，RNS）产生过多，氧化程度超出氧化物的清除速度，氧化系统和抗氧化系统失衡，从而导致组织损伤。ROS包括超氧阴离子（$\cdot O_2^-$）、羟自由基（$\cdot OH$）和过氧化氢（H_2O_2）等；RNS包括一氧化氮（$\cdot NO$）、二氧化氮（$\cdot NO_2$）和过氧化亚硝酸盐（$\cdot ONOO^-$）等。

氧自由基反应和脂质过氧化反应在机体的新陈代谢过程中起着重要的作用，正常情况下两者处于协调与动态平衡状态，维持着体内许多生理生化反应和免疫反应。一旦这种协调与动态平衡产生紊乱与失调，就会引起一系列的新陈代谢失常和免疫功能降低，形成氧自由基连锁反应，损害生物膜及其功能，以致形成细胞透明性病变、纤维化，大面积细胞损伤进而造成神经、组织、器官等损伤。这种反应就叫脂质过氧化。脂质过氧化过程中发生ROS氧化生物膜的过程，即ROS与生物膜的磷脂、酶和膜受体相关的多不饱和脂肪酸的侧链及核酸等大分子物质发生脂质过氧化反应形成脂质过氧化产物（lipid peroxide，LPO），如丙二醛（malonaldehyde，MDA）和4-羟基壬烯酸（4-hydroxynonenal，HNE），从而使细胞膜的流动性和通透性发生改变，最终导致细胞结构和功能的改变。

氧化应激是由于自由基产生和抗氧化防御之间不平衡而产生的，会对包括脂质、蛋白质和核酸在内的多种分子造成损害。因创伤、感染、热损伤、毒素和过度运动而受伤的组织可能会发生短期氧化应激。这些受伤的组织产生的自由基生成酶增加（如黄嘌呤氧化酶、脂肪原酶、环氧合酶），激活吞噬细胞，释放游离铁、铜离子，或破坏氧化磷酸化的电子传递链，产生过量的活性氧自由基。癌症的发生、促进和进展，以及放疗和化疗的副作用，都与活性氧和抗氧化防御系统之间的不平衡有关。ROS与糖尿病、年龄相关性眼病和帕金森病等神经退行性疾病的诱发和并发症也有关。

（二）抗氧化剂

抗氧化剂是一种足够稳定的分子，可以向自由基提供电子并中和它，从而降低其破坏能力。这些抗氧化剂主要通过其自由基清除特性来延迟或抑制细胞损伤。这些低分子量抗氧化剂可以安全地与自由基相互作用，并在重要分子受损之前终止链式反应。其中一些抗氧化剂，包括谷胱甘肽、泛醇和尿酸，是在体内正常代谢过程中产生的。在饮食中还发现了其他的抗氧化剂。虽然体内有多种酶系统可以清除自由基，但主要的微量营养素（维生素）抗氧化剂是维生素E（α-生育酚）、维生素C（抗坏血酸）和β-胡萝卜素。人体无法制造这些微量营养素，因此必须通过饮食获得。

（三）抗氧化剂类型

常见的抗氧化剂可分为酶促抗氧化剂和非酶促抗氧化剂：

酶促抗氧化剂是指通过参与调控氧化还原反应而发挥抗氧化作用的物质，其作用过程需要酶的参与。常见的酶促抗氧化剂包括谷胱甘肽过氧化物酶系统（如谷胱甘肽过氧化物酶、谷胱甘肽还原酶、谷胱甘肽)以及超氧化物歧化酶、过氧化氢酶等。这些酶能够帮助清除自由基，稳定氧化状态，保护细胞免受氧化应激的损害。

非酶促抗氧化剂则是指不需要酶参与的抗氧化剂，它们能够直接与自由基发生反应，从而中和自由基的活性。常见的非酶促抗氧化剂包括谷胱甘肽、维生素C、维生素E、花青素、类黄酮等，它们通过提供电子或氢原子的方式抑制氧化反应，保护细胞内的生物分子不受氧化损伤。这些非酶促抗氧化剂在抗氧化过程中起到重要的作用，有助于维持细胞内氧化平衡。

二、营养与抗氧化

营养与抗氧化密切相关，因为部分营养物质本身具有抗氧化性质，可以帮助中和自由基、减少氧化应激。一些营养素被称为抗氧化营养素，包括维生素C、维生素E、类胡萝卜素、硒、锌等，它们可以通过提供电子或氢原子的方式中和自由基，起到抗氧化作用。同时，均衡饮食和摄入各类营养物质也有助于维持身体内抗氧化平衡，减少氧化应激引起的损伤。食物中富含抗氧化营养素，如蔬菜、水果、全谷类食品、坚果、种子等，都是良好的抗氧化剂来源，可以帮助保护细胞免受氧化应激伤害。因此，摄入富含抗氧化营养素的食物，保持均衡饮食，避免摄入过量的氧化物质（如烟草、酒精、高糖、高脂肪食物等），有助于维持身体内的抗氧化能力，促进健康和预防疾病。

三、常见的有助于抗氧化功能性食品

(一) 维生素

1. 维生素C

维生素C是一种强效的抗氧化剂，有助于保护身体免受自由基的损害。维生素C还具有帮助再生其他抗氧化剂（如维生素E和谷胱甘肽）的能力，增强它们的抗氧化效果。摄入富含维生素C的食物（如柑橘类水果、番茄、红椒等）或维生素C补充剂，可以帮助维持身体的抗氧化平衡，保护细胞免受氧化损伤。

2. 维生素E

维生素E是一种天然抗氧化剂，主要存在于细胞膜中，通过中和自由基来减少氧化反应，从而起到保护细胞膜免受氧化损伤的作用。维生素E还可以提高其他抗氧化剂（如维生素C和谷胱甘肽）的稳定性和效力，形成一种协同作用，增强整体抗氧化能力。摄入富含维生素E的食物如小麦胚芽油、坚果、谷物、肉类、鸡蛋、牛奶、绿叶蔬菜等，有助于维持身体的抗氧化平衡，保护细胞免受氧化损伤，促进身体健康。维生素E对皮肤健康也有益，能够帮助减缓衰老迹象，并保持皮肤的光滑和弹性。

(二) 矿物质

1. 硒

硒是一种重要的微量元素，也是一种关键的抗氧化剂。硒参与了多种酶的活化，其中包括谷胱甘肽过氧化物酶和硫氧化蛋白，这些酶能够帮助中和自由基，减少氧化应激对细胞的损害。硒还能够与其他抗氧化营养素如维生素E相互作用，增强它们的抗氧化能力，形成一种协同作用。此外，硒还有助于维持细胞膜的健康，促进免疫系统的正常功能。摄入含有丰富硒的食物（如海鲜、谷物、坚果、肉类等），可以帮助体内维持适当的硒水平，提高抗氧化能力，保护细胞免受氧化损伤。补充适量的硒也可能对预防一些慢性疾病有益。但是请注意，过量摄入硒可能有毒性，所以应保持摄入适度。

2. 铬

铬是一种微量元素，虽然它主要以促进胰岛素作用而被人们所知，但也具有一定的抗氧化作用。铬参与调节血糖水平，促进细胞对葡萄糖的利用，从而减少氧化应激对细胞的损害。铬可以促进胰岛素的活性，有助于细胞摄取葡萄糖，并促进葡萄糖的正常代谢。这些过程有助于减少由于高血糖引起的氧化应激，从而降低细胞受损的风险。虽然铬的抗氧化能力相对较弱，但它在维持血糖平衡和葡萄糖代谢中的作用可能有助于减少氧化应激对身体的影响。因此，适量的铬摄入有助于维持整体身体健康和稳定的血糖水平。值得注意的是，铬的摄入量应该在适量范围内，不宜过量。

（三）植物化学物质

1. 槲皮素

槲皮素是一种强效的天然抗氧化剂，属于黄酮类化合物。它通过多种途径发挥抗氧化作用，包括直接捕捉自由基、调控抗氧化酶的活性以及增强细胞内抗氧化防御系统等。摄入富含槲皮素的食物，如红葡萄酒、浆果类水果、茶叶等，有助于补充日常膳食中不足的抗氧化营养素。

2. 橙皮素

橙皮素，也称为橙皮苷，是一种属于黄酮类化合物的生物黄酮。它主要存在于柑橘类水果的皮和果肉中，具有显著的抗氧化作用。摄入富含橙皮素的柑橘类水果或果皮，如橙子、柠檬、柑橘等，可以增加橙皮素的摄入量。

3. 儿茶素

儿茶素是一种属于黄酮类化合物的多酚化合物，主要存在于茶叶、红葡萄皮、坚果等食物中。它是茶叶中主要的生物活性成分之一，被认为是茶叶具有抗氧化和其他健康益处的关键成分之一。作为一种有效的抗氧化剂，儿茶素可以减少氧化应激，保护机体免受氧化损伤。摄入富含儿茶素的食物，特别是茶叶，可以获得抗氧化益处，预防慢性疾病的发生，改善整体健康状况。

4. 丁香酚

丁香酚被认为是一种酚类化合物，它广泛存在于丁香、杉木、迷迭香等植物中，是一种重要的天然抗氧化剂。丁香酚可以中和和清除体内产生的自由基，减少氧化应激对细胞的损伤，从而起到抗氧化的作用。摄入富含丁香酚的食物，如丁香、迷迭香等，可以增加体内抗氧化能力，保护细胞免受氧化应激的伤害，促进健康和预防疾病。此外，丁香酚还被广泛应用于药品、化妆品等领域，具有抗氧化、抗菌的功效。

5. 花青素

花青素是一类水溶性植物色素，负责水果的红色、蓝色和紫色颜色。青蓝素、天然青素、紫红苷、石莲素和洋红苷是它们的类别。它具有抗氧化特性，可以增强免疫抑制机制，抗过敏、抗炎、抗菌和抗癌等。花青素主要存在于紫色、蓝色食物中，如蓝莓、黑莓、红葡萄皮、紫甘蓝等。

6. β-胡萝卜素

β-胡萝卜素是一种强大的抗氧化剂,属于类胡萝卜素的一种,是一种维生素 A 的前体。它主要存在于胡萝卜、甘蓝、菠菜、南瓜等植物中,是人体必需的营养素之一。β-胡萝卜素可以帮助清除体内的自由基,减少氧化损伤,具有明显的抗氧化作用。

7. 番茄红素

番茄红素属于类胡萝卜素家族成员,是番茄中的主要成分之一。它的抗氧化作用主要体现在对自由基的清除和防止氧化损伤方面。自由基是导致细胞损伤和衰老的主要因素,而番茄红素能够中和这些有害的自由基,保护细胞免受氧化损害。

8. 虾红素

虾红素是存在于海洋生物中的红色色素,是淡水微藻类中的雨生红球藻和酵母菌黄单胞菌中天然产生的,被归类为叶黄素类的一种。虾红素的结构特殊,会穿过细胞膜,成为横跨细胞双层磷脂质的结构;它在两端官能基可吸收自由基未配对的电子,易与自由基反应并有效减少自由基活性。它在许多海洋生物中广泛存在,如虾、蟹、贝类和一些鱼类中含量较高。

9. 叶黄素

叶黄素是目前已经发现的六百多种天然类胡萝卜素中的一种,属于光合色素,具亲脂性而通常不溶于水。它以脂肪酸酯化型存在于橙黄色蔬果或是花朵中,而以游离型存在于绿色蔬菜与某些藻类中,广泛存在于生萝卜叶、菠菜、豌豆、抱子甘蓝中,玉米、胡萝卜、奇异果中也少量存在。

10. 有机硫化物

有机硫化物是一类化合物,其中含有硫原子与碳原子相互连接。这些化合物在食物中往往具有特殊的气味和味道,例如大蒜、洋葱、青葱、青蒜、韭葱和韭菜等就是富含有机硫化物的食材。从大蒜中提取和分离的有机硫化物通常因其体内抗氧化活性而被研究。这些化合物包括二烯基硫(DAS)、二烯基二硫(DADS)、S-乙基半胱氨酸(SEC)和 N-乙酰半胱氨酸(NAC)。

(四)多糖类化合物

1. 海藻硫酸盐

海藻硫酸盐是一种从海藻中提取的多糖类化合物,其结构中含有硫酸基团。这种多糖类化合物具有显著的抗氧化活性,可帮助清除体内的自由基,并对抗氧化损伤发挥保护作用。此外,海藻硫酸盐还被发现具有抗炎和免疫调节等功能,对于维护身体健康具有重要作用。

2. β-葡聚糖

β-葡聚糖是一类由葡萄糖分子通过 β-1,3-糖苷键或 β-1,4-糖苷键连接而成的多糖类化合物。β-葡聚糖广泛存在于真菌、谷物和海藻等食物中。它具有出色的抗氧化活性,能够有效清除体内的自由基,减少氧化损伤。此外,β-葡聚糖还被证实具有调节血糖、抗炎和免疫调节等功能,有助于改善身体健康。

3. 葡聚糖

葡聚糖是一类由葡萄糖分子通过 α-1,4-糖苷键或 α-1,6-糖苷键连接而成的多糖类化合物。葡聚糖主要存在于真菌和植物中,具有增强免疫系统功能、抗氧化和抗炎等作用。食用含有葡聚糖的食物,可以增强人体免疫力,减少氧化应激,保护细胞免受氧化损伤。

4. 芦荟（aloe）多糖

从芦荟叶中提取的芦荟多糖是一种多糖类化合物，具有抗氧化、抗炎和促进伤口愈合等功能。芦荟多糖能够帮助清除体内自由基，减缓炎症反应，促进肠道健康。

5. 糖藻多糖

糖藻多糖是从褐藻中提取的多糖类化合物，被发现具有显著的抗氧化活性。糖藻多糖可以保护细胞免受氧化损伤，减少细胞老化，有助于维持细胞功能。

6. 果胶

果胶是一种水溶性多糖，主要存在于苹果、梨、柑橘等水果中。它具有优秀的抗氧化性能，可以帮助减少细胞氧化损伤，维护细胞健康。此外，果胶还对胆固醇代谢和心血管健康有益。

（五）其他

1. 银杏

银杏具有显著的抗氧化性能，主要归功于其含有的一种特殊成分银杏内酯。银杏内酯是银杏特有的化学成分，被认为具有非常强大的抗氧化活性。银杏内酯具有多种抗氧化机制，包括清除自由基、抑制氧化过程、减少细胞氧化损伤等。研究表明，银杏内酯可以帮助减缓细胞老化，保护细胞膜免受氧化损伤，促进氧化还原平衡。除了银杏内酯外，银杏中还含有丰富的黄酮类化合物、维生素和矿物质等抗氧化成分，综合作用下，银杏被认为具有显著的抗氧化功效。

2. 蜂蜜

蜂蜜的抗氧化活性主要归因于酚类植物化合物（如黄酮类化合物和酚酸）以及非酚类化合物（如抗坏血酸、有机酸和氨基酸）的协同作用，还有类似催化酶（如过氧化氢酶和葡萄糖氧化酶）的作用。这些生物活性物质的水平因蜂蜜的地理和植物起源而异。关于蜂蜜中的酚酸，目前发现了两类：苯甲酸和肉桂酸。至于蜂蜜中的黄酮类化合物，也发现了三类：黄酮、黄烷酮和黄酮醇。这些植物化合物为蜂蜜的风味、颜色和独特口感作出贡献。酚类植物化合物还被作为研究蜂蜜植物起源的潜在标志物。

第三节　缓解体力疲劳的功能性食品

一、概述

疲劳是一个涉及许多生理生化作用的综合性生理过程，是人体脑力或体力活动到一定程度时必然出现的一种正常生理现象，它既标志着机体原有工作能力的暂时下降，又可能是机体发展到伤病状态的一个先兆。随着人们生活节奏的不断加快、工作压力日益增大，竞争日益激烈，精神疲劳、身体疲劳等问题日益显现出来，进而导致工作效率下降，影响身体健康，甚至还可能成为许多疾病发生的直接诱因。摄入适当的缓解体力疲劳的功能性食品，有助于提高身体的能量水平，调节体能维持健康状态。

（一）疲劳

无论是从事以肌肉活动为主的体力活动，还是以精神和思维活动为主的脑力活动，经过一定的时间和达到一定的程度都会出现活动能力的下降，表现为疲倦或肌肉酸痛或全身无力，这种现象就称为疲劳。疲劳的本质是一种生理性的变化，所以经过适当的休息便可以恢复或减轻。

疲劳根据其发生的方式可分急性疲劳和慢性疲劳。急性疲劳主要是频繁而强烈的肌肉活动所引起的，而慢性疲劳主要是长时间反复地活动所引起的。当疲劳到了第二天仍未能充分恢复而蓄积时，称为蓄积疲劳。

由于连续的脑力活动或体力活动，疲劳又有仅限于中枢神经的精神疲劳和体力活动引起的身体疲劳之分。身体的疲劳又可分为全身疲劳和局部疲劳。局部疲劳按脏器可分为肌肉疲劳、心脏疲劳、肺疲劳和感觉疲劳等。精神疲劳的延续也在一定程度上伴随身体疲劳出现。

（二）疲劳产生的原因及机制

1. 能源耗竭学说

能源耗竭学说指的是在进行高强度或长时间运动时，肌肉细胞的能量储备（特别是磷酸肌酸和糖原）会逐渐耗尽，导致肌肉无法继续提供足够的能量以维持运动，进而出现疲劳的理论。这一理论认为，当肌肉细胞内的能源资源被耗尽时，运动表现会受到损害，而体力活动的持续需要充足的能量供应。

2. 代谢产物堆积学说

代谢产物堆积学说认为，在高强度或长时间运动中，肌肉细胞产生的代谢产物（如乳酸、氢离子等）在肌肉组织中堆积，影响肌肉功能，并最终导致疲劳。这些代谢产物的积累可能会干扰肌肉细胞内的正常代谢过程，影响神经传导，影响肌肉的收缩和放松能力，从而导致肌肉功能下降和疲劳感的出现。

3. 内分泌调解紊乱学说

内分泌调解紊乱学说认为，在运动过程中，肌肉细胞和其他组织会产生一系列内分泌物质（如肾上腺素、皮质醇等），这些激素可以调节能量代谢和体内平衡。然而，在高强度或长时间运动过程中，这些内分泌物质的分泌可能出现紊乱，导致体内激素水平失衡，影响运动表现和产生疲劳感。内分泌紊乱可能会引起不良的生理反应，进而影响肌肉功能和运动效能。

4. 免疫功能紊乱学说

免疫功能紊乱学说指出，长时间或高强度的运动可能导致免疫系统功能的紊乱。运动过程中，身体会释放一些激素和细胞因子，影响免疫系统的正常功能。过度的运动可以导致免疫系统过度激活或抑制，影响身体对病原体的抵抗能力和免疫调节功能，增加感染疾病的风险。免疫功能紊乱也可能导致身体更容易受到外界环境的影响，增加疲劳感和运动后的不适感。

5. 中枢神经失调学说

运动时，大脑和脊髓通过神经递质传递信息，调节肌肉协调和运动控制。然而，过度的运动会导致神经递质水平的变化，可能造成神经兴奋性的改变，影响大脑的感知和运动调节机制。中枢神经失调可能导致运动能力下降、注意力不集中、反应速度减慢等问题，影响运动表现和体能训练效果。中枢神经失调还可能导致疲劳感和精神状态不佳，影响运动员的训练和比赛表现。

6. 离子代谢紊乱学说

离子代谢紊乱学说指出，运动过程中身体内的电解质和离子浓度可能发生变化，造成离子代谢紊乱。在大强度或长时间运动中，肌肉活动产生的能量需求增加，导致细胞内外离子浓度失衡。特别是常见的运动中产生大量汗液，使体内的钠、钾、氯等电解质丢失过多。离子代谢紊乱可能导致肌肉疲劳、腹部胀气、抽筋等症状，并影响肌肉收缩和神经传导，降低运动表现和体能训练效果。有效的补液和合理的饮食调节可以帮助维持体内离子平衡，减少离子代谢紊乱对运动造成的不利影响。

7. 保护性抑制学说

保护性抑制学说认为，在运动过程中，中枢神经系统会通过保护性抑制机制来避免过度的肌肉损伤。当运动过程中出现疲劳或肌肉紧张时，大脑会发送信号来减少肌肉的活动，以防止过度使用特定肌肉或关节。这种保护性抑制可通过降低神经传导速度或减少肌肉收缩来实现，从而保护身体免受潜在的损伤。然而，如果保护性抑制过于激烈或持续时间过长，可能会影响运动表现和肌肉功能。

8. 突变理论学说

在疲劳的发展过程中，在能量消耗以及兴奋性和活动性衰减的过程中，有一个突然下降的阶段，即突变阶段，以避免能量储备消耗、兴奋性、活动性丧失，使肌肉在僵化之前停止或降低运动速率。

9. 自由基学说

根据疲劳的自由基学说，长时间高强度的运动或工作会导致机体能量代谢失衡，加速自由基的产生。这些自由基可以对细胞内蛋白质、脂质和 DNA 等生物分子造成损伤，引起细胞功能障碍和炎症反应。此外，自由基的活性还可能影响神经递质的释放，导致神经肌肉疲劳和运动能力下降。

（三）疲劳的症状

疲劳的症状可分为一般症状和局部症状。在进行全身性剧烈肌肉运动时，除了出现肌肉疲劳外，还可能出现呼吸肌疲劳、心率增加、自觉心悸和呼吸困难等症状。各种活动都是在中枢神经的控制下进行的，因此，当工作能力因疲劳降低时，中枢神经活动就会增强以进行补偿，但这也会导致中枢神经系统的疲劳。自觉疲劳易受心理因素影响，当自觉疲劳加重时，可能会出现头痛、眩晕、恶心、口渴、乏力等感觉。疲劳会导致工作效率下降，对事物的反应变慢，学习效率也会减低。如果疲劳持续，没有得到及时休息，长时间累积下来可能导致过劳并损害健康。除了会使身体某些器官和系统过度紧张导致各种病变外，它还可能影响循环、呼吸、消化等功能。疲劳还会影响新陈代谢，肌肉活动时，肌细胞外液中 K 和 P 增加，体内电解质分布也会发生改变。尿液中黏蛋白排泄物增加，还原性物质和蛋白质排泄也增加。

二、常见的缓解体力疲劳的功能性食品

（一）牛磺酸

牛磺酸是一种含硫的氨基酸，它广泛分布于动物组织细胞内，特别是在神经、肌肉、腺

体等可兴奋组织内含量更高。牛磺酸具有保护细胞、维持渗透压平衡、调节 Ca^{2+}、抗氧化、调节糖代谢等多种功能。牛磺酸被认为在缓解体力疲劳方面具有一定的作用。研究表明，牛磺酸可以促进脂肪代谢，提高能量产生并减轻肌肉疲劳。在运动过程中，肌肉细胞内的牛磺酸水平可能会下降，而补充牛磺酸可以帮助维持肌肉状态良好，延缓疲劳的发生。此外，牛磺酸还被认为可以减轻运动后的肌肉损伤，并有助于促进康复和恢复。它可能通过增加氧化磷酸肌酸的水平来改善肌肉功能，减少乳酸积聚，并提高运动表现。

（二）二十八醇

二十八醇具有增强耐久力、精力和体力；提高反应灵敏度，缩短反应时间；提高肌肉耐力；增加登高动力；提高能量代谢率，降低肌肉痉挛；提高包括心肌在内的肌肉功能；降低收缩期血压；提高基础代谢率和促进脂肪代谢；刺激性激素的生理功能。二十八醇存在于小麦胚芽，米糠，以及甘蔗、苹果、葡萄等水果的果皮中，主要以脂肪酸酯的形式存在。

（三）人参

人参含有多种活性成分，包括人参皂苷、人参多糖等，这些成分被认为具有增加体力、改善身体适应能力、提高免疫力和消除疲劳的作用。一些研究表明，人参可以增加身体在抵抗疲劳过程中的能量产生和利用效率，促进身体康复和恢复，从而缓解体力疲劳。人参还被用于增加运动表现、提高身体耐力和增强免疫系统功能。

（四）西洋参

西洋参，也称为泡参，是一种来自北美洲的植物，与亚洲人参有一定的相似性。西洋参被认为具有类似于亚洲人参的功效，包括缓解体力疲劳、提高体力、增强免疫力、改善心血管健康等。研究显示，西洋参中含有一些活性成分如皂苷、多糖等，这些物质被认为能够帮助身体对应激反应，促进身体的适应能力，提高身体对压力和疲劳的耐受性。

（五）葛根

葛根，又称为葛花、葛藤等，具有抗疲劳作用，可改善心脑血管的血流量。葛根能使冠状动脉和脑血管扩张，增加血流量，降低血管阻力和心肌对氧的消耗，增加血液对氧的供给，抑制因氧的不足所导致的心肌产生乳酸，从而达到抗疲劳作用。葛根中含有一些活性成分，如葛根黄酮、葛根素、葛根甾醇等，这些成分被认为在调节体内生理功能、抗氧化和抗炎过程中起着重要作用。

（六）鱼鳔胶

鱼鳔胶，也称为鱼胶或花胶，主要成分为高级胶原蛋白、黏多糖、多种维生素及钙、锌、铁、硒等多种微量元素。其蛋白质含量高达84.2%，脂肪仅为0.2%，是理想的高蛋白低脂肪食品。鱼鳔胶能增强肌肉组织的韧性和弹力，增强体力，消除疲劳；还能加强脑、神经和内分泌功能，防止智力减退、神经传导滞缓、反应迟钝；它还有养血、补肾、固精作用；可促进生长发育和乳汁分泌；与枸杞、五味子等合用可缓解遗精、腰酸、耳鸣、头晕、眼花等肾虚症状。

（七）鹿茸

鹿茸，是雄性鹿在生长期，生长在额、颈部滋养角部的软组织，通常在雄鹿的角部可以看到这种充血的血管组织，被用作一种传统的中药材和滋补品。鹿茸富含蛋白质、氨基酸、多种生物活性物质等，被认为具有滋补强壮、增强免疫力、调节内分泌等作用。鹿茸常被用于缓解疲劳、增强体力、改善失眠等，可能通过调节体内激素水平、促进新陈代谢、提高心血管功能等途径起作用。

第四节　缓解视觉疲劳的功能性食品

一、概述

当眼睛密集工作时，很容易出现视力模糊、酸痛、干涩、流泪等眼部不适，即视觉疲劳。视觉疲劳不仅影响工作和学习效率，长期视觉疲劳还容易影响身心健康。近年来，电子产品的普及虽然给办公、学习带来了便利，但也给使用电子设备的人们带来了更加频繁的视觉疲劳。而且，研究报告显示，患有视觉疲劳的人数呈逐年增加的趋势。涉及的人群范围也广泛，特别是学生、长期从事电脑工作和精密仪器（如显微镜）的人以及眼功能老化的老年人。越来越多的研究表明，补充适当的营养素可以有效缓解视觉疲劳，促进眼睛健康。

（一）视觉疲劳

视觉疲劳指长时间使用眼睛进行近距离聚焦或长时间暴露在亮度不足或亮度过高的环境中，造成眼睛疲劳和不适感。这种疲劳包括眼睛酸涩、干燥、模糊、头痛、眼睛发红等症状。视觉疲劳通常发生在长时间使用电子设备（如电脑、手机、平板电脑）或进行精细视觉工作时。采取适当的休息和眼睛保护措施可以减轻视觉疲劳的症状。

（二）视力减退的原因

造成视力减退的原因多种多样，主要有以下9种：①各种类型的屈光不正包括远视、近视、散光；②晶状体浑浊，即白内障；③角膜浑浊；④玻璃体浑及出血；⑤视神经疾患，如视神经萎缩、视神经炎、球后神经炎、慢性青光眼及中毒性弱视；⑥眼球内出血；⑦脉络或视网膜的肿瘤及视网膜脱离；⑧急性青光眼；⑨急性虹膜炎等。

（三）视力保护

保护视力的重要性不言而喻，视力是我们日常生活中最重要的感觉之一。良好的视力可以让我们正常看清周围的环境、工作、学习和享受生活。

对中老年而言，视力下降的原因主要是由于各屈光单位的老化。从某种意义来讲，对于这一部分人群，主要从延缓衰老方面做相应的工作，以保护视力。而青少年视力下降的原因则主要是近视（幼儿和小学一、二年级远视和弱视也是主要原因），而近视的原因又是多方面的，所以保护视力也必须从多方面着手。

（1）保持良好的用眼习惯：避免长时间盯着屏幕或书页，每隔一段时间休息一下眼睛，远眺或闭目放松眼睛。

（2）保持眼部卫生：保持眼部清洁，避免用手揉搓眼睛，及时清洗眼睛。

（3）定期检查：定期进行眼科检查，及时发现并治疗潜在的眼部问题。

（4）适当锻炼眼睛：进行适量的眼部运动有助于保持眼睛健康。

（5）营养均衡：摄入富含维生素A、维生素C和维生素E、叶黄素等对眼睛有益的营养物质，多吃蔬菜、水果和坚果。

二、常见的缓解视觉疲劳的功能性食品

（一）维生素

1. 维生素 A

维生素 A 与正常视觉密切相关。维生素 A 不足会导致视紫红质再生缓慢，暗适应时间延长，严重时可引发夜盲症。持续缺乏维生素 A 或摄入不足会出现干眼病，进一步发展可能导致角膜软化、角膜溃疡和角膜皱纹等症状。动物肝脏、鱼肝油、鱼卵、禽蛋等是维生素 A 的良好来源。此外，胡萝卜、菠菜、苋菜、苜蓿、红心甜薯、南瓜和青辣椒等蔬菜中含有能在体内转化为维生素 A 的维生素 A 原。

2. 维生素 C

维生素 C 可以减轻光线和氧气对眼睛晶状体的损害，从而延缓白内障的发生。富含维生素 C 的食物包括柿子椒、西红柿、柠檬、猕猴桃、山楂等新鲜蔬菜和水果。

（二）微量元素

1. 钙

青少年处于生长高峰期，体内对钙的需求量相对增加。如果不注意补充钙，不仅会影响骨骼发育，还会降低正在发育的眼球壁巩膜的弹性，导致晶状体内压增加，最终使眼球的前后径拉长，引发近视。富含钙的食物包括奶类、贝类、虾、骨粉、豆类及豆制品、蛋黄和深绿色蔬菜。

2. 铬

缺乏铬容易导致近视，因为铬可以激活胰岛素，促使胰岛素发挥最大生物效应。如果人体缺乏铬，会导致胰岛素功能障碍，血浆渗透压增高，进而增加眼球晶状体和房水的渗透压和屈光度，引发近视。富含铬的食物有糙米、麦麸、动物肝脏、葡萄汁和果仁。

3. 锌

缺乏锌可能导致视力问题，因为锌主要分布在体内的骨骼和血液中。眼角膜表皮、虹膜、视网膜和晶状体中也含有锌，它参与眼内维生素 A 的代谢和运输，维持视网膜色素上皮的正常组织状态，以及保持正常视力功能。富含锌的食物包括牡蛎、肉类、肝脏、蛋类、花生、小麦、豆类和杂粮。

（三）叶黄素

叶黄素是一种存在于植物中的类胡萝卜素，具有很强的抗氧化性质。它主要存在于绿叶蔬菜、水果和其他植物中，是一种重要的营养素。

叶黄素被认为对保护视网膜健康、改善视力、减缓眼睛衰老等方面有积极作用。叶黄素是眼睛中黄斑的主要成分，可预防视网膜黄斑的老化，对视网膜黄斑病有预防作用，以缓解老年性视力衰退等。叶黄素能预防肌肉退化症所导致的盲眼病。由于衰老而发生的肌肉退化症可使 65 岁以上的老年人引发不能恢复的盲眼病。叶黄素在预防肌肉退化症方面效果良好，因为叶黄素在人体内不能产生，所以必须从食物中摄取或额外补充，尤其是老年人必须经常选用含叶黄素丰富的食物。另外，眼睛中的叶黄素对紫外线有过滤作用，可减轻由日光、电脑等所发射的紫外线所导致的对眼睛和视力的伤害作用。研究表明，叶黄素

可以帮助减轻视觉疲劳，改善暗视力，减少眼睛疲劳等。因此，叶黄素被广泛应用于眼部保健产品中。

（四）花色苷

花色苷是广泛存在于水果、蔬菜中的一种天然色素，其中对保护视力功能最好的是欧洲越橘（whortleberry）和越橘（cowberry）浆果中的花色苷类。研究证实，花色苷能保护毛细血管，促进视红细胞再生，改善夜间视觉，增强对黑暗的适应能力，减轻视觉疲劳。

（五）玉米黄质

玉米黄质主要存在于禾本科植物玉蜀黍黄粒种子的角质胚乳中，含量约$0.01\sim0.9mg/100g$，同时也广泛存在于许多植物（如番茄、胡萝卜等）中。玉米黄质通常与隐黄质和叶黄素同时存在于玉米胚芽中，因此以玉米为原料所制得的是上述三种胡萝卜素的混合物，其中以玉米黄质为主。玉米黄质属抗氧化维生素之一，抗氧化是其主要的生理功能。玉米黄质和叶黄素一起构成眼睛中黄斑的主要成分，有保护视力的功能。另外，玉米黄质还有降低血脂氧化、减缓动脉硬化和降低患癌风险等作用。

（六）黑果越橘提取物

黑果越橘提取物是从黑果越橘果或果汁中提取而来的产品，富含大量黄酮类化合物，主要包括花青素、翠雀花素、芍药花素、矮牵牛素、锦葵花素等，以及牛乳糖、阿拉伯糖和葡萄糖苷。黑果越橘提取物据称能促进视网膜色素视红素的再生，有助于改善视力。它还可能降低血小板的黏着度（血小板凝聚）、抑制由肾上腺素和三磷酸腺苷引起的血小板凝聚。对于抗氧化和抗癌作用，黑果越橘花色苷被认为可以延缓和阻止自由基对组织、DNA、脂质和蛋白质的损伤。此外，它还被认为具有强力持续的毛细血管浸透、保护血管、抗溃疡、抗炎和镇静作用。

（七）枸杞提取物

枸杞提取物的主要有效成分是枸杞多糖，是从枸杞中提取而得的一种水溶性多糖。已明确该多糖是蛋白多糖，其由阿拉伯糖、葡萄糖、半乳糖、甘露糖、木糖、鼠李糖等6种单糖成分组成。枸杞多糖被认为具有调节免疫系统、延缓衰老的作用，对恶性肿瘤和艾滋病的预防与治疗也有积极影响。此外，枸杞多糖还能改善老年人易疲劳、食欲不振和视力模糊等症状，具有降血脂、抗脂肪肝、抗肿瘤和抗衰老等功效。

（八）决明子提取物

决明子提取物的主要成分为蒽醌类物质，如决明素、钝叶素、大黄素、芦荟大黄素、大黄酸等蒽醌类物质、决明子苷、决明子胶、蛋白质、谷甾醇、脂肪油等。决明子提取物被证明具有降血压、降血脂、明目、保肝、收缩子宫和催产等功能，对细胞免疫有一定的抑制作用，但对巨噬细胞功能却有增强作用，还具有抗血小板聚集作用。需要注意的是，其提取物中的蒽醌化合物具有致癌性。

（九）海带

海带除含有丰富的碘外，还含有约1/3的甘露醇。甘露醇有利尿作用，可减轻眼内压力，对急性青光眼有良好的功效。除了海带外，其他海藻类如裙带菜也富含甘露醇，可作为干预急性青光眼的辅助食品。

复习思考题

1. 简述通过功能性食品辅助增强免疫力的机理。
2. 简述自由基和氧化应激产生的机理和危害。
3. 简述体疲劳和视疲劳产生的原因。
4. 食源性天然抗氧化剂有哪些?

第五章　有助于心血管健康的功能性食品

学习目标

1. 了解高脂血症、糖尿病、肥胖症的分类和病因。

2. 了解高脂血症、糖尿病、高血压和肥胖症在使用功能性食品干预时营养防治原则和原理。

3. 掌握有助于心血管健康的功能性食品和生理活性因子有哪些。

第一节　辅助降血脂的功能性食品

一、概述

血脂是血浆中的中性脂肪（甘油三酯）和类脂（磷脂、糖脂、固醇、类固醇）的总称。血脂中的主要成分是甘油三酯和胆固醇，其中甘油三酯参与人体内能量代谢，而胆固醇则主要用于合成细胞浆膜、类固醇激素和胆汁酸。临床上对血脂的测定指标包括血清甘油三酯、总胆固醇以及脂蛋白等。脂蛋白（lipoprotein）是一类由富含固醇脂、甘油三酯的疏水性内核和由蛋白质、磷脂、胆固醇等组成的外壳构成的球状微粒。脂蛋白对细胞外脂质的包装、储存、运输和代谢起着重要作用。脂蛋白根据密度大小可分为：乳糜微粒（chylomicrons，CM）、极低密度脂蛋白（very lowdensity lipoproteins，VLDL）、中间密度脂蛋白（intermediate density lipoproteins，IDL）、低密度脂蛋白（low density lipoproteins，LDL）和高密度脂蛋白（high density lipoproteins，HDL）。

血脂的异常水平可能导致心血管疾病等健康问题，高脂血症是导致心血管疾病最重要的危险因素之一。因此控制合适的血脂水平对于维持心血管健康至关重要。血脂的高低与膳食习惯和身体代谢能力关系密切，减少饱和脂肪、反式脂肪酸和膳食胆固醇的摄入，增加降血脂保健食品摄入都有助于降低血脂。

（一）高脂血症

高脂血症（hyperlipidemia）又称高脂蛋白血症（hyperlipoproteinemia），俗称血脂过高、高血脂，是指血浆总胆固醇（total cholesterol，TC）、甘油三酯（triglyceride，TG）和低密度脂蛋白胆固醇（LDL-C）过高，高密度脂蛋白胆固醇（HDL-C）偏低。高血脂可导致动脉粥样硬化，严重时会诱发如心脑血管疾病等高致死率的并发症。

高脂血症临床诊断标准：

当符合以下空腹静脉血浆检查指标≥1项，可诊断血脂异常：

总胆固醇（TC）≥6.2mmol/L；

低密度脂蛋白胆固醇（LDL-C）≥4.1mmol/L；

甘油三酯（TG）≥2.3mmol/L；

高密度脂蛋白胆固醇（HDL-C）<1.0mmol/L 时。

TC≥5.2mmol/L 或 LDL-C≥3.4mmol/L 定为边缘升高，旨在提醒患者加强血脂检测（表5-1）。

表5-1 血脂异常危险分层

危险分层	TC 5.18~6.2mmol/L 或 LDL-C 3.37~4.1mmol/L	TC≥6.2mmol/L 或 LDL-C≥4.1mmol/L
无高血压且其他危险因素数<3	低危	低危
高血压或其他危险因素数≥3	低危	中危
高血压且其他危险因素数≥1	中危	高危
冠心病及其相关危症	高危	高危
急性冠脉综合征	极高危	极高危
缺血性心血管病合并糖尿病	极高危	极高危

注 其他危险因素包括年龄（男≥45岁，女≥55岁）、吸烟、肥胖、早发缺血性心血管疾病史。

高脂血症可分为原发性和继发性两类。原发性与先天性和遗传有关，是单基因缺陷或多基因缺陷，使参与脂蛋白转运和代谢的受体、酶或载脂蛋白异常所致，或通过环境因素（饮食、营养、药物）和未知的机制而致。继发性多发生于代谢性紊乱疾病（糖尿病、高血压、黏液性水肿、甲状腺功能低下、肥胖、肝肾疾病、肾上腺皮质功能亢进），或与其他因素，如年龄、性别、季节、饮酒、吸烟、饮食、体力活动、精神紧张、情绪活动等有关。

（二）高脂血症的病因分析

1. 遗传因素

遗传因素可通过多种遗传机制引起高脂血症，某些可能发生在细胞水平上，主要表现为细胞表面脂蛋白受体缺陷以及细胞内某些酶的缺陷，如脂蛋白脂酶的缺陷或缺乏，也可发生在脂蛋白或载脂蛋白的分子上，多由基因缺陷引起。有时高脂血症可能与个体间某些遗传基因变异有关，由于异常基因的存在，机体尚未能在分子水平上完全认识这些异常的遗传基因，使体内 LDL 分解代谢速率降低，LDL 合成增加或 LDL 结构改变。国内临床上最常遇到的是家族性高胆固醇血症。

2. 饮食因素

饮食因素作用比较复杂，高脂蛋白血症患者中有相当大的比例是与饮食因素密切相关的。不同饮食成分在调节脂蛋白代谢方面起着重要的作用。糖类摄入过多，可影响胰岛素分泌，加速肝脏内小而密的 LDL 的合成，易引起高甘油三酯血症。胆固醇和动物脂肪摄入过多与高胆固醇血症形成有关，其他饮食因素，如长期摄入过量的蛋白质、脂肪及碳水化合物而膳食纤维摄入过少等也与本病发生有关。

3. 生活方式

习惯于静坐的人血浆 TG 浓度比坚持体育锻炼者要高。无论是长期还是短期体育锻炼均可降低血浆 TG 水平。锻炼还可增高脂蛋白脂酶活性，升高 HDL 水平，并降低肝脂酶活性。长期坚持锻炼，还可促进外源性 TG 从血浆中清除。吸烟也可增加血浆 TG 水平。流行病学研究证实，与正常人平均值相比较，吸烟可使血浆 TG 水平升高 9.1%。然而戒烟后多数人有暂时性体重增加，这可能与脂肪组织中脂蛋白脂酶活性短暂上升有关，此时应注意控制体重，以防体重增加而造成 TG 浓度升高。

4. 体重增加

有研究提示血浆胆固醇升高可因体重增加所致。一般认为体重增加大约可使人体血胆固醇升高 0.65mmol/L（25mg/dL）。至少有两种代谢机制可解释这种胆固醇升高：①肥胖促进肝脏输出含载脂蛋白 B 的脂蛋白，继而使 LDL 生成增加；②肥胖使全身的胆固醇合成增加，引起肝内胆固醇池扩大，因而抑制 LDL 受体的合成。肥胖同时也可导致 TG 水平升高。

5. 年龄效应

随着年龄的增加，体重也会增加。但是，随年龄增加而伴随的胆固醇升高并非全是体重增加所致。有人发现老年人的 LDL 受体活性减退，LDL 分解代谢率降低，这也是年龄效应的原因。老年人 LDL 受体活性减退的机理尚不清楚，可能是由于随着年龄的增加，胆汁酸合成减少，使肝内胆固醇含量增加，进一步抑制 LDL 受体的活性。现有资料表明，除体重因素外，年龄本身可使血浆胆固醇增加 0.78mmol/L（30mg/dL）左右。在 45~50 岁前，女性的血胆固醇低于男性，随后则会高于男性。这种绝经后胆固醇水平升高很可能是由于体内雌激素减少所致。已知在人类和动物体内，雌激素能增加 LDL 受体的活性。美国妇女绝经后总胆固醇可增高大约 0.52mmol/L（20mg/dL）。

6. 继发性高脂血症

继发性高脂血症是指由于其他原发疾病所引起的高脂血症，这些疾病包括：糖尿病、肝病、甲状腺疾病、肾脏疾病、胰腺疾病、肥胖症、糖原累积病、痛风、阿狄森病、柯兴氏综合征、异常球蛋白血症等。继发性高脂蛋白血症在临床上相当多见，如不详细检查，则其原发疾病常可被忽略，治标而未治其本，不能从根本上解决问题，于治疗不利。

（三）高脂血症的病理改变与危害

高脂血症可使动脉管腔的内膜变得粗糙增厚，内膜下脂肪沉积形成黄色点状或蜡样病变。细胞内部发生脂质代谢紊乱，动脉壁的平滑肌细胞和巨噬细胞所吞噬的脂肪不能被肝细胞识别并分解代谢，而是使细胞演变成含有脂肪的泡沫细胞，同时刺激纤维组织增生，脂质进一步沉积，形成粥样斑块。粥样斑块表面是动脉内皮细胞，下面是纤维组织，中心是由变性细胞、泡沫细胞和胆固醇组成的粥样物质。粥样斑块表面可破溃，破溃面上形成血栓，堵塞血管，形成梗塞。斑块内也可出血，加重管腔狭窄。当冠状动脉受累时可造成心肌供血不足产生心肌缺氧或坏死，形成心绞痛或心肌梗塞。脑动脉粥样硬化可引起脑供血减少，出现眩晕头痛，程度不同的脑萎缩，严重者可引起阿尔茨海默病。肾动脉粥样硬化即肾缺血，可产生顽固性肾性高血压。肠动脉粥样硬化可引起餐后腹痛。下肢动脉粥样硬化，可引起行走时下肢疼痛即"跛行"，血栓闭塞性脉管炎，严重者肢体干性坏疽。

二、营养与高血脂

营养和高脂血症之间存在密切关系。通过平衡膳食控制总能量和总脂肪，限制膳食饱和脂肪酸和胆固醇，保证充足的膳食纤维和多种维生素，补充适量的矿物质和抗氧化营养素，可以有助于控制高血脂水平。

（1）控制总能量摄入，保持理想体重，能量摄入过多是肥胖的重要原因，而肥胖又是高血脂的重要危险因素，故应该控制总能量的摄入，并适当增加运动，保持理想体重。

（2）限制饱和脂肪酸和胆固醇摄入，膳食中脂肪摄入量以占总热能的 20%~25% 为宜，饱和脂肪酸摄入量应少于总热能的 10%，适当增加单不饱和脂肪酸和多不饱和脂肪酸的摄入。鱼类主要含 ω-3 系列的多不饱和脂肪酸，对心血管有保护作用，可适当多吃。少吃含胆固醇高的食物，如猪脑和动物内脏等。胆固醇摄入量<300mg/d。高胆固醇血症患者应进一步降低饱和脂肪酸的摄入量，并使其低于总热能的 7%，胆固醇摄入量<200mg/d。

（3）提高植物性蛋白的摄入，少吃甜食。蛋白质摄入应占总能量的 15%，植物蛋白中的大豆蛋白有很好地降低血脂的作用，所以应提高大豆及大豆制品的摄入。碳水化合物应占总能量的 60% 左右，要限制单糖和双糖的摄入，少吃甜食和含糖饮料。

（4）保证充足的膳食纤维摄入。膳食纤维能明显降低血胆固醇，应多摄入含膳食纤维高的食物，如燕麦、玉米、蔬菜等。

（5）供给充足的维生素和矿物质。维生素 E 和很多水溶性维生素以及微量元素具有改善心血管功能的作用，特别是维生素 E 和维生素 C 具有抗氧化作用，应多食用新鲜蔬菜和水果。

（6）适当多吃保护性食品。植物活性物质具有心血管健康促进作用，鼓励多吃富含植物活性物质的植物性食物，如洋葱、香菇等。

三、常见的辅助降血脂的功能性食品

（一）膳食纤维

膳食纤维是国际上公认的第七营养素。研究表明，可溶性膳食纤维可预防和治疗心脑血管疾病。苹果果胶、欧车前水溶性纤维和羟乙基甲基纤维素等膳食纤维都具有降血脂的功效。膳食纤维通过减少肝脏胆固醇的生成，促进肝脏胆固醇转化成胆汁酸而降低肝脏中的胆固醇含量；调控与脂肪酸氧化相关酶的活性、诱导脂肪酸氧化、降低肝脏 TG 水平来实现降血脂的功效。一般来说，大多数水溶性纤维比水不溶性纤维能更有效地降低血浆总胆固醇。水溶性纤维主要包括果胶、聚半乳糖、木聚糖等。这些水溶性纤维存在于许多食物中，如燕麦、苹果、柑橘、胡萝卜、豆类等。

1. 果胶

果胶是一种多糖类化合物，由葡萄糖、半乳糖和果糖等单糖单位组成，具有良好的水溶性和黏性。水果、蔬菜、全谷类等食物中均富含果胶，但主要存在于果实的果皮和果肉中。

2. 欧车前水溶性纤维

欧车前水溶性纤维来源于一种草本植物欧车前，富含黏蛋白和黏多糖。欧车前水溶性纤维可以吸收水分并形成黏液状物质，促进肠道蠕动，有助于缓解便秘问题；还可以减缓食物的消化速度，帮助控制血糖上升速度，适合糖尿病患者或需要控制血糖的人群。

（二）多糖

多糖已被广泛研究作为新一代的膳食补充剂和功能性食品原料。研究发现，β-葡聚糖、海带多糖、南瓜多糖、当归多糖、条斑紫菜多糖等多糖都具有降血脂的功效。活性多糖降血脂可以通过抑制胆固醇合成、阻断胆固醇的肝肠循环、降低血浆胆固醇含量来实现。同时，它还可以通过调控脂肪细胞分化、抑制脂肪酸分解相关酶的活性、促进脂肪酸氧化、清除体内多余的自由基抑制脂质过氧化达到降血脂的作用。

1. β-葡聚糖

β-葡聚糖又称"免疫黄金"，是一种天然产物，是由葡萄糖分子通过β-1,3-糖苷键和β-1,6-糖苷键连接而成的多糖。它存在于多种植物和真菌中，如蘑菇、酵母、藻类等。

2. 海带多糖

海带多糖，就是指昆布多糖，是从海带中提纯的多糖成分，包括海带寡糖、褐藻糖胶、海带淀粉等。

3. 南瓜多糖

南瓜多糖是一种源自南瓜植物的生物活性物质，具有多种益处。南瓜多糖被认为具有抗氧化、抗炎和免疫调节等作用。它还被认为有助于调节血糖、降低胆固醇、维护肠道健康和促进消化。

（三）多酚类化合物

多酚又称植物单宁，包括苯酚酸和黄酮类化合物，主要存在于植物的根、皮、叶和果实中，有很强的生物活性。研究发现，石榴多酚、葡萄多酚、可可多酚、茶多酚等多酚类物质都具有降血脂的功效。

1. 石榴多酚

石榴多酚指的是石榴中含有的一类重要的生物活性物质，主要包括单宁类物质和花青素。石榴多酚已被证明在心血管健康、抗炎、抗癌、抗衰老等方面具有积极作用。它可以帮助降低血压、改善血脂、促进血液循环，有助于预防心血管疾病。

2. 葡萄多酚

葡萄多酚是从葡萄以及葡萄籽中提取的一种多酚类化合物，主要包括原花青素、儿茶素和黄酮类化合物等。研究表明，葡萄多酚具有保护心血管健康、降低血压、改善血脂、抗血栓形成等作用。葡萄多酚可以通过饮用葡萄汁、食用葡萄或葡萄干等方式摄入，也可以作为膳食补充剂服用。

3. 茶多酚

茶多酚是一类在茶叶中广泛存在的多酚类化合物，包括儿茶素、儿茶酚、表儿茶素等多种成分。茶多酚具有保护心血管健康、降低胆固醇、预防动脉粥样硬化等作用。此外，茶多酚还被认为有助于促进新陈代谢、减轻体重、抗菌消炎、减缓衰老等。绿茶中的茶多酚如儿茶素和表儿茶素被认为对健康有益。茶多酚可以通过饮用茶水，如绿茶、红茶等，来摄入。

（四）生物碱

生物碱是存在于自然界中的一类含氮的碱性有机化合物。经大量研究发现生物碱具有降血脂作用。

1. 药根碱

药根碱主要存在于一些植物中，如蔓荆子、樟树、芸香等。药根碱通过调节脂肪代谢和胆固醇代谢，促进脂质的代谢和分解，从而达到降低血脂水平的效果。药根碱可以影响体内多种酶的活性，包括促进胆固醇合成和降解的酶，有助于调节胆固醇的合成和代谢，降低血液中的胆固醇含量。同时，药根碱还可以增加脂肪的氧化分解，促进脂肪的消耗和利用，减少脂肪在体内的堆积，有助于降低血脂水平。

2. 胡椒碱

胡椒碱主要存在于胡椒等植物中。它是胡椒的一种主要活性成分，具有辛辣的味道和一定的生物活性。研究显示，胡椒碱可以影响一些脂质代谢相关的酶的活性，包括脂肪氧化酶和甘油三酯脱氢酶等，从而促进脂肪的氧化分解和转化，有助于减少血液中的脂质含量。此外，胡椒碱还可能通过调节胆固醇代谢和胆固醇合成途径，参与调控胆固醇代谢，帮助降低血液中的胆固醇水平。

（五）皂苷

皂苷广泛存在于植物体中，也少量存在于海星和海参等海洋生物中，对防治心血管疾病、降血脂有重要的作用。山楂皂苷、山里红皂苷成分具有显著的降血脂、抗脂质过氧化作用。皂苷可以通过抑制肝脏胆固醇的合成、增加血浆胆固醇的流出起到降低血浆胆固醇水平的作用；还可以调控脂质代谢相关酶、增强脂质的抗氧化能力来发挥降脂作用。

1. 山楂皂苷

山楂皂苷是一种天然存在于山楂果实中的生物活性成分，它具有多种生物活性，包括降血脂、增强心脏功能、抗氧化、抗炎和抗血栓等作用。由于其潜在的心血管保护作用，山楂皂苷常被用于中医药和保健品中，有助于调节血脂、预防心血管疾病，并可能对降低血压产生一定的影响。

2. 山里红皂苷

山里红皂苷是一种从山里红植物中提取的化合物，被认为具有多种药理作用，包括降血脂、抗血栓、增强心脏功能和保护血管等作用。

3. 绞股蓝皂苷

绞股蓝皂苷是一种天然产物，主要存在于绞股蓝植物中。研究表明，绞股蓝皂苷具有调节血脂、调节免疫功能的作用。

（六）植物甾醇

植物甾醇及其饱和衍生物甾烷醇是一组具有不同侧链构型的胆固醇类似物。常见的甾醇有 β-谷甾醇、菜油甾醇和豆甾醇。这些植物甾醇已作为功能性降低胆固醇的营养保健品在欧洲、美国和澳大利亚出售。植物甾醇可竞争性阻碍小肠吸收胆固醇，有降低胆固醇和预防心血管疾病的功能。甾醇是降血脂药物类固醇的原料，和其他药物复配的谷甾醇片有良好的降血脂和血清胆固醇作用。甾醇对预防和治疗冠状动脉硬化类心脏病、治疗溃疡皮肤鳞癌也有明显功效。植物甾醇的安全性很高，到目前为止，动物试验中未发现因植物甾醇而引起的任何毒性反应，对健康人体也无任何不良影响。富含植物甾醇的食物有米糠油、沙棘（籽）油、月见草油。

（七）植物雌激素

植物雌激素是在植物中发现的化合物，通过与雌激素受体结合并启动一些雌激素依赖性转录而具有弱雌激素活性。有一些证据表明植物雌激素可以通过抑制胆固醇合成和增加LDL受体的表达来降低血液胆固醇水平。植物雌激素的主要类别包括异黄酮、黄酮、黄烷酮。

1. 异黄酮

异黄酮主要存在于大豆中（金雀异黄酮、大豆黄酮、黄豆黄素及其糖苷）。大豆异黄酮是人类消耗最多的植物雌激素。相关的研究主要集中在大豆异黄酮对动物血浆胆固醇水平的作用。

2. 红花黄酮

红花黄酮又称藏红花素，是一种类黄酮化合物，主要存在于藏红花中。它具有抗氧化、抗炎、降血脂、抗血小板凝聚等多种生理活性，有助于预防心血管疾病、减轻炎症反应、改善微循环等。红花黄酮被认为是一种健康的天然物质，常用于保健食品和药物的生产中。

（八）植物油和动物油

1. 小麦胚芽油

基本组成：棕榈酸 $11\% \sim 19\%$，硬脂酸 $1\% \sim 6\%$，油酸 $8\% \sim 30\%$，亚油酸 $44\% \sim 65\%$，亚麻酸 $4\% \sim 10\%$，天然维生素 E 2500mg/kg，磷脂 $0.8\% \sim 2.0\%$。主要功能有降低胆固醇、调节血脂、预防心脑血管疾病等。它在体内担负氧的补给和输送，防止体内不饱和脂肪酸的氧化，控制对身体有害过氧化脂质的产生；有助于血液循环及各种器官的运动；另具有抗衰老、健身、美容、防治不孕及预防消化道溃疡、便秘等作用。

2. 米糠油

米糠油营养丰富，被美国人誉为"健康营养油""神奇的大米油""东方神油"等。据现代营养学分析测定，在每 100g 的米糠油中，含豆酸 $0.5 \sim 1.0g$，软脂酸 $13 \sim 18g$，硬脂酸 $1 \sim 3g$，花生酸 0.5g，山荷酸 0.4g，油酸 $40 \sim 50g$，亚油酸 26g，亚麻酸 $0.1 \sim 1g$，还含有维生素 B_1、维生素 B_2、维生素 E 等成分。研究表明，米糠油具有降低血清胆固醇、预防动脉硬化、预防冠心病的作用。

3. 紫苏油

紫苏油为淡黄色油液，略有青菜味。碘值 $175 \sim 194$。含 α-亚麻酸 $51\% \sim 63\%$，属 n-3系列，在自然界中主要存在于鱼油（动物界）和植物界的紫苏油、白苏油中，另含天然维生素 E $50 \sim 60mg/100g$。紫苏油能显著降低较高的血清甘油三酯，抑制内源性胆固醇的合成，降低胆固醇，增高有效的高密度脂蛋白；也能抑制血小板聚集和血清素的游离，从而抑制血栓疾病（心肌塞和脑血管栓塞）的发生。与其他植物油相比，它可降低临界值血压（约10%），从而保护出血性脑中风（可使雄性脑中风的动物寿命延长 17%，雌性延长15%）。另外，由于降低了高血压的危害，摄入紫苏油的非病理模型普通大鼠的寿命比对照组可高出 12%。

4. 沙棘（籽）油

沙棘（籽）油主要成分为亚油酸、γ-亚麻酸等多不饱和脂肪酸，以及维生素 E、植物甾醇、磷脂、黄酮等。基本组成：棕榈酸10.1%，硬脂酸1.7%，油酸21.1%，亚油酸40.3%，γ-亚麻酸25.8%。沙棘种子含油5%~9%，其中不饱和脂肪酸约占90%。沙棘（籽）油具有调节血脂和免疫功能的作用。

5. 葡萄籽油

葡萄籽油含棕榈酸6.8%，花生酸0.77%，油酸15%，亚油酸76%，总不饱和脂肪酸约92%，另含维生素E 360mg/kg，β-胡萝卜素42.55mg/kg。它在巴西可作为甜杏仁油的代替品，是很好的食用油。葡萄籽油能预防肝脂和心脂沉积，抑制主动脉斑块的形成，清除沉积的血清胆固醇，降低低密度脂蛋白胆固醇，同时提高高密度脂蛋白胆固醇。它能防治冠心病，延长凝血时间，减少血液还原黏度和血小板聚集率，防止血栓形成，扩张血管，促进人体前列腺素的合成，另有保护神经细胞、调节植物神经等作用。

6. 玉米（胚芽）油

玉米（胚芽）油主要由各种脂肪酸酯组成，含不饱和脂肪酸约86%，亚油酸38%~65%，亚麻酸1.2%~1.5%，油酸25%~30%，不含胆固醇，富含维生素E（脱臭后约含0.08%）。所含大量的不饱和脂肪酸可促进粪便中类固醇和胆酸的排泄，从而阻止体内胆固醇的合成和吸收，以避免因胆固醇沉积于动脉内壁而导致动脉粥样硬化。它还因富含维生素E，可抑制由体内多余自由基所引起的脂质过氧化作用从而达到软化血管的作用，另对人体细胞分裂、延缓衰老有一定作用。

7. 月见草油

月见草油的不饱和脂肪酸量高达90%，主要包括亚油酸、γ-亚麻酸其他主要脂肪酸，还有油酸、棕榈酸和硬脂酸。此外，月见草油中还含有1.5%~2%不皂化物，其中植物甾醇0.7%~1%，生育酚0.026%。

8. 深海鱼油

深海鱼油指常年栖息于100m以下海域中的一些深海大型鱼类（如鲑鱼、三文鱼）也包括一些海兽（如海豹、海狗）等的油脂，其中主要的功能成分为EPA和DHA等多不饱和脂肪酸。其中DHA等多烯脂肪酸与血液中胆固醇结合后，能将高比例的胆固醇带走，以降低血清胆固醇，还能抑制血小板凝集，防止血栓形成，可以预防心血管疾病及中风。

（九）其他

1. 红曲米

红曲米，是一种发酵米，由红曲霉（*Monascus Purpureus*）或同一真菌家族的其他成员发酵所得，会呈现出明亮的红紫色。通过发酵大米，这些真菌产生红色色素以及抑制肝脏胆固醇合成的分子。红曲米中的主要活性化合物是莫纳可林K及莫纳可林相关物质，它们都是HMG-CoA还原酶（胆固醇合成中的限速酶）抑制剂。红曲米还含有甾醇、异黄酮和单不饱和脂肪酸，所有这些都具有降胆固醇活性。

2. 大蒜

大蒜被广泛认为是一种降低胆固醇的功能性食品，其含有的水溶性有机硫化合物S-烯丙基半胱氨酸、S-乙基半胱氨酸和S-丙基半胱氨酸已被证明可以通过增强磷酸化使HMG-CoA还原酶失活以减少胆固醇合成。

第二节　辅助降血糖的功能性食品

一、概述

糖尿病是一种慢性疾病，其主要特征是胰岛素分泌不足或细胞对胰岛素不敏感，导致血糖水平异常升高。这种高血糖状态对人体各个器官和系统都有害，可能引发心血管疾病、视力障碍、神经病变等并发症。随着现代生活方式的改变，糖尿病的发病率不断上升，成为全球性健康问题之一。为了控制血糖水平并避免糖尿病引起的并发症，饮食在糖尿病管理中起着至关重要的作用。降血糖功能性食品是指通过特定成分或特定制备方法，在改善血糖控制和预防糖尿病并发症方面具有积极作用的食品。这些食品通常富含纤维、蛋白质、健康脂肪、维生素和矿物质等营养物质，有利于稳定血糖水平。功能性食品的重要性在于其可以作为辅助疗法，帮助糖尿病患者或血糖水平略高于正常的人群更好地管理血糖、减少药物使用以及降低患病风险。

（一）糖尿病

糖尿病（diabetes）是一种由胰岛素绝对或相对分泌不足以及利用障碍引发的，以高血糖为标志的慢性疾病。该疾病主要分为Ⅰ型、Ⅱ型和妊娠糖尿病三种类型。病因复杂，通常为遗传因素和环境因素的共同作用，包括胰岛细胞功能障碍导致的胰岛素分泌下降，或者机体对胰岛素作用不敏感，或两者兼备，使血液中的葡萄糖不能有效被利用和储存。不论是哪一种类型糖尿病，如果不进行干预，可能会引发许多并发症。急性并发症包括糖尿病酮酸血症与高渗透压高血糖非酮酸性昏迷；严重的长期并发症则包括心血管疾病、中风、慢性肾脏病、糖尿病足，以及视网膜病变等；其中糖尿病和心衰竭、慢性肾脏病有着较紧密的共病关系。一般病征有视力模糊、头痛、肌肉无力、伤口愈合缓慢及皮肤瘙痒。糖尿病的诊断标准详见表5-2和表5-3。

表5-2　世界卫生组织糖尿病诊断标准

条件	餐后2h血糖/ mmol/L（mg/dL）	空腹血糖/ mmol/L（mg/dL）	HbA$_{1c}$/ %
正常	<7.8（<140）	<6.1（<100）	<5.7
空腹血糖障碍	<7.8（<140）	≥6.1（≥100）&<7.0（<126）	5.7~6.4
糖耐量受损	≥7.8（≥140）	<7.0（<126）	5.7~6.4
糖尿病	≥11.1（≥200）	≥7.0（≥126）	≥6.5

表5-3　糖代谢状态分类

糖代谢分类	静脉血浆葡萄糖/（mmol/L）	
	空腹血糖	糖负荷后2h血糖
正常血糖	<6.1	<7.8
空腹血糖受损	6.1~7.0	<7.8

糖代谢分类	静脉血浆葡萄糖/（mmol/L）	
	空腹血糖	糖负荷后 2h 血糖
糖耐量减低	<7.0	7.8~11.1
糖尿病	≥7.0	≥11.1

（二）糖尿病的分类

1. Ⅰ型糖尿病

由于患者身体无法生产足够的胰岛素或根本无法生产胰岛素，Ⅰ型糖尿病病理上也被叫作胰岛素依赖型糖尿病或是青少年糖尿病（因属于先天性疾病，大多数是在婴儿时期至青少年期间发病），病因目前不明。Ⅰ型与Ⅱ型糖尿病的发病机理完全不同，属于自体免疫性疾病，可能是基因或由于自体免疫系统破坏产生胰岛素的胰腺胰岛 β 细胞引起的，因此患者必须注射胰岛素治疗，目前人类还无法治愈Ⅰ型糖尿病，但还是可以通过科学合理的方法，使绝大多数Ⅰ型糖尿病患者过上正常的生活，保证他们和其他人有同等的生活品质和寿命。糖尿病的综合防治必须以健康教育、生活方式改变、心态调整为前提，以饮食、运动、药物等综合治疗手段为原则。

2. Ⅱ型糖尿病

Ⅱ型糖尿病始于胰岛素阻抗作用异常（细胞对于胰岛素的反应不正常、不灵敏）或细胞对胰岛素没有反应，而本身胰脏并没有任何病理问题。随着病情进展胰岛素的分泌也可能渐渐变得不足。Ⅱ型糖尿病也被称为非胰岛素依赖型糖尿病或成人型糖尿病，病因是体重过重或缺乏运动，根据一些研究，肥胖为胰岛素阻抗的主因之一，因此肥胖可说是Ⅱ型糖尿病的主要危险因子。研究显示，改变饮食和生活形态，可减轻体重，并降低罹患Ⅱ型糖尿病的风险。另最新研究显示其与身体长期发炎反应有关，因为有 7~8 成病患根本不胖。Ⅱ型糖尿病是一种代谢性疾病。特征为高血糖，主要由胰岛素抵抗及胰岛素相对缺乏引起。Ⅱ型糖尿病与Ⅰ型糖尿病不同的是，Ⅰ型糖尿病患者身体因为胰脏里的胰岛细胞已经损坏，所以完全丧失了生产胰岛素的功能；而Ⅱ型糖尿病是由于进食大量精致饮食及高反式脂肪的食物等原因。糖尿病已成为发达国家的文明病之一，潜在病人数量不断攀升，并有逐渐年轻化的趋势。Ⅱ型糖尿病的典型病征为多尿症、多渴症以及多食症。Ⅱ型糖尿病患者占糖尿病患者中的 90% 左右，其余 10% 主要为Ⅰ型糖尿病与妊娠糖尿病。因遗传因素而易患糖尿病的高危人群中，一般认为引发Ⅱ型糖尿病的主要原因是肥胖症。

3. 妊娠糖尿病

妊娠糖尿病也是常见的糖尿病种类，它指过去没有糖尿病病史，但在怀孕期间血糖高于正常值的孕妇，是周产期的主要并发症之一。此病可能导致胎儿发育畸形、胎儿宫内窘迫、新生儿低血糖、巨婴症以及难产或者死产等并发症。

根据世界卫生组织及中华人民共和国卫生部最新的诊断标准：孕妇于妊娠 24~28 周时，进行 75g 口服葡萄糖量（口服）试验，分别测量空腹、餐后 1h、2h 血糖浓度，若空腹>5.1mmol/L、餐后 1h>10.00mmol/L、餐后 2h>8.5mmol/L，符合其中的任意一项，即可确诊妊娠糖尿病。

4. 其他类型糖尿病

一些糖尿病导因有别于 Ⅰ 型、Ⅱ 型和妊娠糖尿病，包括：胰岛 β 细胞基因缺陷（胰岛 β 细胞分泌胰岛素）、遗传性胰岛素抗拒、胰脏疾病、荷尔蒙失调以及化学或药物。

（三）糖尿病的起因

目前关于糖尿病的起因尚未完全明确，通常认为遗传因素、环境因素及两者之间复杂的相互作用是最主要的原因。

1. 遗传因素

研究表明，患者有糖尿病家族史者占 25%～50%，尤其是 Ⅱ 型糖尿病患者。

2. 自身免疫因素

糖尿病患者及其亲属伴有自身免疫性疾病，如恶性贫血、甲状腺功能亢进症、桥本甲状腺炎等。自身免疫性肾上腺炎患者在糖尿病患者中约占 14%，比一般人群中的患病率高 6 倍。Ⅰ 型糖尿病患者常有多发性自身免疫性疾病。在糖尿病中，细胞免疫受到直接影响的证据是具有淋巴细胞浸润的胰小岛炎，这种病理学改变在发病后 6 个月内死亡的 Ⅰ 型糖尿病患者中较为常见，但在发病后 1 年以上死亡的病例中却较少出现。故胰小岛炎可能属短暂性，发病后不久便消失。

3. 病毒感染因素

人们已发现几种病毒，如柯萨奇 B_4 病毒、腮腺炎病毒和脑心肌炎病毒等，可以使动物出现病毒感染，大面积破坏胰岛 β 细胞，造成糖尿病。在胰岛素依赖型糖尿病患者中，胰岛素细胞抗体阳性与胰岛炎病变支持了自体免疫反应在发病机理上的重要作用。然而，病毒易感性和自体免疫都为遗传因素所决定。病毒感染导致人类糖尿病的证据还不够充分，仅是有些报道认为糖尿病人群中某些病毒抗体阳性率高于正常对照，在病毒感染流行后糖尿病的患病率增高等。

4. 胰岛 β 细胞功能与胰岛素释放异常

在胰岛素依赖型糖尿病中，胰岛炎会导致胰岛 β 细胞功能受损，使胰岛素基值非常低甚至无法检测到，糖刺激后胰岛 β 细胞不会正常分泌胰岛素或分泌不足。在非胰岛素依赖型糖尿病中，虽然上述变化不太明显，但胰岛 β 细胞功能障碍表现为胰岛素分泌受到限制，无论是分泌延迟还是增多，胰岛素分泌的第一阶段反应（即快速分泌）均减少或缺失，同时与相应血糖浓度相比，胰岛素分泌仍低于正常水平，这是餐后高血糖的主要原因。

5. 胰岛素受体异常、受体抗体与胰岛素相抵抗

胰岛素受体具有高度特异性，只能与胰岛素或含有胰岛素分子的物质结合。这种结合程度取决于受体数量、亲和力以及血浆中的胰岛素浓度。当血浆中的胰岛素浓度升高时，胰岛素受体数量减少，导致胰岛素的不敏感性，这种现象被称为胰岛素抵抗。这种情况常见于肥胖者或者非胰岛素依赖型的患者。当他们通过减肥降低体重时，脂肪细胞膜上的胰岛素受体数量会增加，胰岛素与受体结合力增强，导致血浆胰岛素浓度降低，进而减少所需的胰岛素剂量。通过减肥降低体重，肥胖和糖尿病症状都会减轻，同时胰岛素的抵抗性会降低，敏感性增加。胰岛素不敏感性可能由于受体本身缺陷，或者由于产生受体抗体与胰岛素受体结合，从而减弱胰岛素的效应，导致胰岛素抵抗性糖尿病。如果受体缺陷和受体后缺陷同时存在，抵抗性将更为显著。

6. 神经因素

研究表明，刺激下丘脑外侧核（LHA）可以兴奋迷走神经，促使胰岛素分泌增加；而刺激下丘脑腹内侧核（VMH）则会兴奋交感神经，导致胰岛素分泌减少。这说明下丘脑可能存在着调节胰岛素分泌的中枢。激活 LHA 可导致血糖降低并增加进食量，而激活 VMH 则会使血糖升高并减少进食量，表明下丘脑对胰岛素分泌具有调节作用。脑啡肽存在于脑部、交感神经系统、肾上腺髓质和肠壁中，作为一种神经递质，其敏感性增加可能导致高血糖，这是非胰岛素依赖型糖尿病的病因之一。

7. 胰岛素拮抗激素的存在

在正常生理条件下，血糖浓度的波动范围较小，这是由于在神经支配下存在具有胰岛素拮抗作用的激素来调节糖代谢过程，以维持血糖处于动态平衡状态。唯一能够降低血糖的激素是胰岛素，而导致血糖升高的激素包括胰升糖素、生长激素、促肾上腺皮质激素、糖皮质激素、泌乳素、甲状腺激素、胰多肽等。这些拮抗胰岛素的激素导致的糖尿病大多属于继发性糖尿病或糖耐量异常。

（四）糖尿病的发病机理

不论是胰岛素依赖型还是非胰岛素依赖型糖尿病，都存在遗传因素。然而，遗传只影响疾病的易感性，而非直接导致疾病本身。除了遗传因素外，疾病的发生还需要环境因素的相互作用。

胰岛素依赖型糖尿病的发病机理大致如下：病毒感染等因素扰乱了体内的抗原，导致患者体内的 T、B 淋巴细胞致敏。由于机体免疫调节失常，淋巴细胞亚群失衡，B 淋巴细胞产生自身抗体，K 细胞活性增强，最终导致了胰岛 β 细胞的抑制或破坏，进而降低胰岛素分泌，从而引发疾病。

非胰岛素依赖型糖尿病的发病机理包括三个方面：①胰岛素受体或受体后缺陷，特别是肌肉和脂肪组织内的受体需要足够的胰岛素才能促使葡萄糖进入细胞。当受体或受体后缺陷导致胰岛素抵抗时，细胞将减少葡萄糖的吸收和利用，导致血糖水平升高。即使血液中的胰岛素浓度并不低甚至有所增加，但由于降糖效果不佳，血糖也会升高。②在胰岛素相对不足且拮抗激素增多的情况下，肝糖原的沉积减少，分解和糖异生作用增加，导致肝葡萄糖输出增加。③由于胰岛 β 细胞缺陷、胰岛素分泌延迟、第一高峰消失或胰岛素分泌异常等原因，胰岛素分泌不足，从而引起高血糖。

（五）糖尿病的并发症

糖尿病的并发症主要表现在全身微循环的障碍，可能涉及心血管、脑血管、眼睛的视网膜、四肢周围血管和肾脏，同时也可能导致神经病变等多种情况。常见的并发症包括：

1. 糖尿病视网膜病变

长期高血糖会损伤视网膜血管内皮，导致一系列眼底病变，包括微血管瘤、硬性渗出、棉絮斑、新生血管、玻璃体增殖甚至视网膜脱离。通常情况下，糖尿病发作超过十年的患者可能出现眼底病变，但血糖控制不佳或患有 I 型糖尿病的患者可能更早受影响。因此，糖尿病患者需要定期到眼科进行眼底检查。

2. 糖尿病肾病

糖尿病引发的肾病可分为五个阶段。①高滤过期：肾小球滤过率升高，肾脏的体积增大；②间歇性蛋白尿期：患者休息时可能没有蛋白尿，活动以后蛋白尿增多，血糖升高时，也有可能导致蛋白尿增多；③微量白蛋白尿期：尿微量白蛋白和肌酐的比值，在30~300mg/g，在临床上比较容易检测出；④大量蛋白尿期：尿蛋白大部分都>300mg/g；⑤肾衰竭期：肾功能已经出现衰竭，有严重的肾功能损害。糖尿病患者患上肾病的风险高于非糖尿病患者。在疾病晚期，慢性肾脏疾病患者胰岛素敏感性降低，胰岛素分泌不足，导致耐糖能力下降，容易引发糖尿病，反之，糖尿病也易导致慢性肾脏疾病，进而可能导致肾衰竭。肾功能下降不仅与患者寿命缩短相关，还会增加其他糖尿病相关并发症的风险，如低血糖和心血管疾病。肾脏病早期几乎无症状，需要通过验血、验尿检查以及密切关注排尿情况来警惕。

3. 糖尿病周边神经病变

该并发症是因为长期代谢失调影响血管系统功能，导致神经系统受损。常见症状包括下肢、手臂和手指剧烈疼痛、刺痛、烧灼感和麻木，持续异感疼痛会影响生活质量、睡眠和情绪（焦虑、忧郁）。晚期后遗症包括足部溃疡、夏科氏神经性关节病变，甚至需要截肢。共病包括忧郁症、自律神经病变、认知功能障碍、周围动脉疾病和心血管疾病等。

4. 糖尿病足

该病初期表现为脚部伤口难以愈合，若处理不当可能导致截肢。

5. 心血管疾病

高血糖长期影响患者的心血管健康，可能导致心脏衰竭，也称为郁血性心衰竭或心脏无力。心脏功能受损，无法输送足够血液满足身体组织代谢需求，引发一系列症状，包括食欲不振、水肿、呼吸困难、心律失常、坐卧呼吸困难、阵发性夜间呼吸困难、咳嗽、脑部缺氧等。研究表明，97%心衰患者至少出现一种身体症状，91%有多种症状，其中呼吸困难、疲劳和水肿最为常见。

6. 骨质疏松症

该病是由于骨密度下降导致骨折风险增加的疾病，与糖尿病密切相关，Ⅰ型糖尿病患者骨折风险更高，因为他们骨质密度低、骨代谢减慢、骨微结构脆弱，导致较高的骨折风险；尽管Ⅱ型糖尿病患者由于体重较重有较高骨密度，但研究表明他们骨折风险是一般人的三倍。骨质疏松症初期通常无明显症状，只有轻微早期症状，如下背疼痛、颈椎疼痛、身高减矮、驼背等，患者往往在发生骨折或骨裂后才意识到患病。

7. 牙周病

牙周病是一种影响牙齿周围组织的炎症性疾病。牙周病控制不佳将影响病人的血糖控制，增加糖尿病并发症的风险。相反，糖尿病患者血糖控制不佳会增加牙周病和缺牙的风险，牙周病与糖尿病存在双向影响关系。早期牙周病通常没有明显疼痛症状，常见症状包括牙龈红肿、牙龈出血、口臭、牙龈萎缩、牙根敏感、牙缝扩大、牙松动、牙移位或变长、咀嚼无力感。

（六）糖尿病的表现

高血糖会造成俗称"三多一少"的症状。

1. 多食

由于葡萄糖大量丢失和能量来源减少，患者需要增加摄食来补充能量。很多患者在空腹时可能出现低血糖症状，表现为明显的饥饿感、心慌、手抖和多汗。如果并发植物神经病变或消化道微血管病变，可能出现腹胀、腹泻和便秘交替现象。

2. 多尿

由于血糖超过肾糖阈值导致尿糖，尿糖使尿液渗透压升高，减少肾小管对水分的吸收，导致尿量增加。

3. 多饮

糖尿病患者由于多尿、脱水和高血糖，导致血浆渗透压升高，引起多饮。严重情况下可能出现糖尿病高渗性昏迷。

4. 体重减轻

非胰岛素依赖型糖尿病早期可能导致肥胖，但随时间推移，患者可能出现乏力、虚弱、明显体重减轻等症状，最终可能出现消瘦。胰岛素依赖型糖尿病患者通常体重明显减轻。晚期糖尿病患者面色可能黯淡，毛发变稀疏无光泽。

二、营养与高血糖

营养在高血糖管理中扮演着重要角色，饮食结构和食物选择对血糖水平的影响至关重要。除了传统疾病管理方法外，越来越多的人开始关注使用降血糖功能性食品来帮助控制血糖。这些食品通常富含特定的营养成分，如膳食纤维、蛋白质、抗氧化物质和维生素，能够帮助稳定血糖水平、改善胰岛素敏感性和减少血糖波动。例如，富含纤维素的食品有助于降低血糖吸收速度，保持血糖稳定。同时，一些蛋白质丰富的食品可以提高饱腹感，减少碳水化合物的摄入。此外，抗氧化物质和维生素有助于维护胰岛素水平和细胞健康。结合营养学原则和功能性食品的选择，可以有效地管理高血糖并提供全面的营养支持。在选择降血糖功能性食品时，应该根据个体需求、健康状况和饮食习惯做出合适的选择，以达到最佳的营养与血糖控制效果。通过科学合理的营养搭配和功能性食品的应用，患者可以在日常生活中更好地维持血糖平衡，促进健康管理。

三、常见的辅助降血糖的功能性食品

(一) 黄酮类

目前研究较多的为植物黄酮类物质，但近年也有动物黄酮类物质。黄酮类抗糖尿病及其并发症的机理比较复杂，观点不一，包括抗氧化、抑制 α-糖苷酶、拟胰岛素作用、抗炎、抑制醛糖还原酶、抑制蛋白糖基化等。主要含有黄酮类功能因子的食品如下所示。

1. 苦荞麦

主要成分为芦丁、儿茶素等黄酮类，还含有苦荞多酮、膳食纤维、皮素、桑色素、三价铬、植物甾醇等。主要生理功能：①调节血糖，主要是芦丁类强化血管物质（PMP）的功效；②调节血脂，阻碍白血病细胞增殖、抗癌、防止大脑老化及老年痴呆症和抑制黑色素形成以达到美容等功效。目前开发的功能食品有苦荞面条、苦荞保健茶等。

2. 桑叶

桑叶中含 N-糖化合物、芸香苷、槲皮素、挥发油、氨基酸、维生素及微量元素等多种活性化学成分，具有降糖、降脂、降压、抗菌和抗病毒等多种药理活性。近年来，国内外学者对桑叶降血糖活性成分进行了深入研究。桑叶降糖功能食品有桑宁茶等。

（二）糖醇类

糖醇类是糖类的醛基或酮基被还原后的物质，一般是由相应的糖经镍催化氢化而成的一种特殊甜味剂。重要的糖醇类有木糖醇、山梨糖醇、甘露糖醇、麦芽糖醇、乳糖醇、异麦芽糖醇等。它在人体的代谢过程中与胰岛素无关，不会引起血糖值和血中胰岛素水平的波动，可用作糖尿病和肥胖患者的特定食品。

1. 麦芽糖醇（氢化麦芽糖醇）

它是由一分子葡萄糖和一分子山梨糖醇结合而成的二糖醇。水溶液为无色透明的中性黏稠液体，甜度为蔗糖的 85%～95%，甜感近似蔗糖。麦芽糖醇难以发酵，有保香、保湿作用。它在人体内不能被消化吸收，除肠内细菌可利用一部分外，其余无法消化而排出体外。其生理功能有：调节血糖，进食后不升高血糖，不刺激胰岛素分泌，因此，对糖尿病患者不会引起副作用，也不受胰液的分解；减脂作用，与脂肪同食时，可抑制人体脂肪的过度储存；防龋齿作用，经体外培养，麦芽糖醇不能被龋齿的变异链球菌所利用，故不会产酸。

2. 木糖醇

白色结晶或结晶性粉末，具有清凉甜味，与金属离子有螯合作用，可作为抗氧化剂的增效剂，有助于维生素和色素的稳定。食用木糖醇不会增加糖尿病患者血糖值，并能消除饥饿感、恢复能量和体力上升，可起到调节血糖的作用。木糖醇本身不能被可致龋齿的变形菌所利用，也不能被酵母、唾液所利用，因此具有防龋齿作用。另外，木糖醇在动物肠道内滞留时具有缓慢吸收作用，可促进肠道内有益菌的增殖，每天食用 15g 左右，可达到调节肠胃功能和促进双歧杆菌增殖的作用。天然品存在于香蕉、胡萝卜、杨梅、洋葱、莴苣、花椰菜、桦树的叶和浆果及蘑菇等中。

3. 山梨糖醇

山梨糖醇具有调节血糖和防龋齿的作用。天然品存在于植物界，尤其在海藻以及苹果、梨、葡萄等水果中，也存在于哺乳动物的神经、眼的水晶体等中。

（三）皂苷类

具有降血糖功能的皂苷包括刺老牙皂苷、地肤皂苷、苦瓜皂苷、罗汉果皂苷等。

1. 刺老牙皂苷

刺老牙中有 27 种皂苷，存在于树皮、树根、顶芽和幼枝中。不同部位的皂苷种类不同，但其基本结构都是由不同糖苷基组成的三萜类化合物。由刺老牙顶芽提取所得的各种皂苷混合物及各组分，有明显抑制葡萄糖吸收的作用。另外，刺老牙的混合树皮皂苷具有很强的抑制乙醇吸收作用。

2. 地肤皂苷

它存在于藜科一年生草本植物地肤的果实中，已明确结构的地肤皂苷有 4 种，其中地肤皂苷 1 和地肤皂苷 2 能显著抑制血糖上升。地肤提取物还具有抗菌和影响免疫系统功能的作用。

3. 苦瓜皂苷

苦瓜皂苷被认为有助于提高胰岛素敏感性，减少血糖波动，并促进胰岛素的分泌。这使苦瓜成为糖尿病管理中的一种潜在天然补充剂。除了降血糖作用，苦瓜皂苷也有助于减少炎症反应，保护心脏健康和免疫系统。

4. 罗汉果皂苷

罗汉果皂苷从罗汉果中提取，有效成分为三萜类成分，甜度高、热量低。罗汉果还有降血压、抑菌及提高免疫功能等药理活性，对糖尿病并发症也有一定的防治作用，但防治并发症的机理还有待进一步研究。

（四）膳食纤维类

增加膳食纤维可改善机体对胰岛素的感受性，从而调节糖尿病患者的血糖水平。另外，增加纤维摄入量可有效调节血脂，这对糖尿病患者也是非常有利的。富含膳食纤维的蔬菜有豆类（菜豆、芸豆、红豆、青豆）、黄花菜、芹菜、紫菜、香菇、黑白木耳等。生物中唯一的动物性膳食纤维是甲壳素，又名壳聚糖，它对糖尿病有很好的辅助调节作用。而且，甲壳素降血糖和尿糖的作用比植物纤维显著得多。

（五）多糖类

目前发现多种植物多糖均具备辅助降低血糖的功能，最常见的如枸杞多糖、茶叶多糖、魔芋多糖、南瓜多糖等。

1. 茶叶多糖

茶叶多糖是从茶叶中提取的一种多糖类化合物，被认为具有抗氧化、抗炎、免疫调节和抗癌等多种生理活性作用。它还可以帮助控制血糖和血脂，促进消化道健康，改善肠道菌群平衡等。研究表明，茶叶多糖可以增强人体免疫力，减缓衰老过程，对抵抗疾病有一定的辅助作用。

2. 魔芋多糖

魔芋是一种富含膳食纤维的植物，其根部富含葡聚糖和其他多糖成分。魔芋多糖具有多种生理活性作用，包括调节血糖、降低胆固醇、增强免疫力等。研究表明，魔芋多糖可通过不同途径对人体健康产生积极影响，特别是在调节血糖和血脂方面具有一定的潜力。适量摄入魔芋多糖可以辅助调节血糖水平和促进肠道健康。

3. 南瓜多糖

南瓜多糖作为南瓜中一种重要的成分，被认为具有抗氧化、抗炎、免疫调节和降血糖等多种生理活性作用。

（六）硫醚类

硫醚类化合物是一类含有硫和碳原子的有机化合物，具有多种生物活性。其中一些硫醚类化合物可以促进胰岛素的分泌，增加组织对葡萄糖的利用，从而降低血糖水平。此外，一些硫醚类化合物还可以提高细胞对胰岛素的敏感性，调节葡萄糖代谢途径，对糖尿病患者的血糖控制起到一定的帮助作用。

1. 二烯丙基硫醚

二烯丙基硫醚主要存在于大蒜中，具有促进胰岛素分泌和改善胰岛素敏感性的作用，可以帮助降低血糖水平。

2. 丙硫醇

丙硫醇存在于洋葱、韭菜和大蒜等蔬菜中，具有增强胰岛素敏感性的作用，有助于降低血糖浓度。

3. 硫壬素醇

硫壬素醇存在于洋葱、韭菜和葱等植物中，能够促进葡萄糖的利用，降低血糖浓度。

（七）微量元素

1. 铬

对Ⅱ型糖尿病的研究发现每天补充一次200μg以上的铬，能改善血糖控制，更有助于降低血清甘油三酯和提升高密度脂蛋白胆固醇，同时对于血糖控制不佳的糖尿病患者，在HbA_{1c}和空腹血糖水平上也有所改善。

三价铬是葡萄糖耐量因子（glucose tolerance factor，GTF）的重要活性中心。它通过GTF与胰岛素、细胞膜受体间形成三元配合物而发挥其生理作用。它参与体内的糖代谢，辅助维持机体正常的葡萄糖耐量，提高人体组织对胰岛素的敏感性，促进机体糖代谢正常进行。

人体细胞要靠胰岛素把血糖运到细胞内变成能量，缺少了铬会使胰岛素效能降低，糖不能顺利进入细胞内，血糖升高。为了控制血糖水平，身体将产生额外更多的胰岛素来补偿因缺铬而引起的胰岛素效能降低，这被称为高胰岛素血症。胰岛素数量虽多，但由于缺铬而工作效能不高，血糖水平仍居高不下。胰岛素分泌增多是临界缺铬的主要标志。胰岛素的增加，会使铬过多地释放到血液中，经尿排出体外，又进一步加重铬的缺乏。此时若不能及时补充铬，当胰腺分泌胰岛素的代偿功能衰竭时，胰岛素分泌功能严重受损，而引起糖尿病。而分泌过多的胰岛素还会使血脂增高，产生动脉硬化，并加速血小板的积聚，引起肥胖、高血压、冠心病、心肌梗塞、脑中风等一系列疾病。

人体对不同来源的三价铬吸收利用情况差异较大，对无机铬（如三氯化铬）吸收率仅为0.5%~2%，对有机铬的吸收率较高，可达10%~25%。人们从日常饮食中很难获得足够的三价有机铬来满足机体的生理需求，故而还需要另外补充。含铬食物有酵母、牛肉、蛋、红糖、肝、蘑菇、燕麦、马铃薯、南瓜等。

2. 镁

镁可促进胰岛素分泌。富含镁的食物包括坚果（杏仁、核桃、腰果、南瓜子、亚麻籽等）、绿叶蔬菜（菠菜、芥蓝、羽衣甘蓝、甜菜等）、全谷类食物（燕麦、糙米、全麦面包等）、豆类（黑豆、鹰嘴豆、豆腐等）、水果（香蕉、西瓜、葡萄柚、李子等）和海产品（鱼类、虾、蟹等）。

3. 锌

锌可降低血糖。富含锌的食物包括贝类、肉类（牛肉、猪肉、羊肉）、家禽（鸡肉和火鸡肉）、坚果和种子（南瓜子、腰果、杏仁）、豆类（鹰嘴豆、扁豆、豆类）、奶制品（奶酪和酸奶）。

（八）维生素

维生素C、维生素E和维生素B_6可改善糖耐量，减少胰岛素摄入量；维生素E能降低Ⅱ型糖尿病患者红细胞脂质过氧化，治疗早期糖尿病血管病变；维生素B_{12}可减少糖尿病性神经损伤；维生素D可增加胰岛素分泌。

第三节 辅助降血压的功能性食品

一、概述

高血压是全球范围内一种普遍存在的慢性疾病，被认为是心脏病、中风和其他心血管疾病的主要危险因素之一。根据世界卫生组织的数据，截至2020年，全球有超过10亿人患有高血压，这一数字还在持续增长。高血压的发展现状令人担忧，特别是在现代社会中，饮食结构和生活方式的改变导致高血压患病率上升。在这种背景下，采取措施降低高血压风险变得至关重要。功能性食品，特别是那些具有降血压效果的食物，对于控制高血压起着关键作用。这些食物通常包括富含钾、镁和膳食纤维的食材，如水果、蔬菜、全谷类、豆类、坚果和种子。这些食物不仅有助于调节血压，还能改善心血管健康，减少心脏病和中风的风险。通过合理饮食搭配，高血压患者可以更好地控制血压，提高生活质量，并预防潜在的严重并发症。因此，加强降血压功能性食品的推广和普及，对于预防和管理高血压具有重要意义。

（一）高血压

高血压（hypertension，high blood pressure）也称为高血压症，是动脉血压持续偏高的慢性疾病。血压分为收缩压和舒张压两种，即为心脏跳动时肌肉收缩或舒张时的测量值；收缩压是血压的最大值，舒张压是血压的最小值。大部分成年人在休息时的收缩压在 100 ~ 130mmHg，舒张压是 60 ~ 80mmHg。若血压持续超过 130/80 或 140/90mmHg（收缩压/舒张压），即可确诊为高血压。

（二）高血压的分类和病因

高血压可以分为原发性高血压和继发性高血压，其中有 90% ~ 95% 为原发性高血压，意即肇因于遗传、性别、年龄、肥胖、生活形态和环境等综合因素。能增加高血压风险的生活形态为超重、吸烟、饮食含有过量食盐、咖啡、糖及喝酒。剩下的 5% ~ 10% 是继发性高血压，肇因于其他病症如慢性肾脏病、肾动脉狭窄、内分泌疾病等，一般消除引起高血压的病因，高血压的症状即可消失。目前认为以下因素在高血压的发病机制中具有重要作用。

1. 遗传因素

高血压在一定程度上具有遗传倾向，家族中有高血压病史的人群患高血压的风险更高。

2. 饮食习惯

高盐饮食、高脂肪饮食、高糖饮食等不健康的饮食习惯可能导致体重增加、血脂异常等，从而增加高血压的发病风险。

3. 肥胖

肥胖是引发高血压的重要因素之一，过重的体重会增加心脏的负担，导致血压升高。

4. 缺乏运动

缺乏运动会导致身体代谢不畅，血液循环不畅，增加心血管疾病的风险。

5. 心理因素

长期的精神紧张、压力过大、焦虑等情绪因素也可能导致高血压的发生。

6. 饮酒和吸烟

过量饮酒和长期吸烟会损害血管壁和心脏功能，导致高血压的发生。

7. 环境因素

环境压力、空气污染等因素也可能影响高血压的发生。

8. 心排血量的改变

动脉血压水平主要依靠心排血量和外周血管阻力的调节，凡是能直接或间接导致心排血量增加和外周血管阻力增高的因素均可引起血压升高，反之，可使血压降低。此外，主动脉顺应性、血容量的改变等对血压也有调节作用。

9. 肾脏功能

肾脏是调节水、电解质、血容量和排泄体内代谢物质的主要器官，肾功能异常会导致水、钠潴留和血容量增高，从而引起高血压。此外，肾脏还能分泌加压和降压的物质，因此肾脏在维持血压平衡方面具有重要的作用。

10. 细胞膜离子转运异常

通过对细胞膜两侧的钠离子和钾离子的浓度梯度的研究，研究人员发现原发性高血压患者存在着内向的钠钾协同运转功能低下和钠泵受抑制，使细胞内的钠离子增加，后者不仅促进动脉管壁对血中某些收缩血管物质的敏感性增加，同时增加血管平滑肌细胞膜对钙离子的通透性，使血管中的钙离子增多，加强了血管平滑肌兴奋—收缩偶联，使血管收缩和（或）痉挛导致外周血管的阻力增加和血压升高。

11. 血管张力增高管壁增厚

目前认为，血液循环的自身调节失衡，导致小动脉和小静脉张力增高，是高血压发生的重要原因。高血压患者总外周血管阻力增高不仅与血管张力有关，其物质基础也与血管组织结构改变密切相关，主要表现为血管壁增厚，管壁中层平滑肌细胞肥大、增生和阻力血管变得稀疏和减少。

12. 交感神经活性增加

交感神经主要分布于心血管系统，交感神经兴奋性增高释放的儿茶酚胺主要作用于心脏，可导致心率加快、心肌收缩力加强和心排血量增加。作为交感神经的主要递质之一的去甲肾上腺素具有强烈收缩血管和升压作用，表明交感神经功能紊乱在高血压的发病机制中具有一定的作用。目前认为交感神经的活性增加主要参与原发性高血压早期的始动机制，而对高血压状态的长期维持作用不大。

13. 肾素—血管紧张素—醛固酮系统

本系统由一系列激素及相应酶组成，它在调节水、电解质平衡、血容量、血管张力、血压方面具有重要的作用。正常情况下，肾素、血管紧张素、醛固酮三者处于动态平衡中，相互反馈和抑制，当血管紧张素增多时可引起肾血管的收缩，增加近端肾小管中钠离子的重吸收，从而抑制肾素分泌。肾素可抑制醛固酮的分泌，而醛固酮过多反过来又会使肾素活性降低。在病理情况下，肾素—血管紧张素—醛固酮系统调节失衡可成为高血压发病的重要原因。

（三）高血压的危害

高血压是心脑血管疾病的罪魁祸首，具有发病率高、控制率低的特点。高血压的真正危害性在于对心、脑、肾的损害，造成这些重要脏器的严重病变。

1. 脑中风

脑中风是高血压最常见的一种并发症。中风最为严重的就是脑出血，而高血压是引起脑出血的最主要原因，称为高血压性脑出血。高血压会使血管的张力增高，也就是将血管"绷紧"，时间长了，血管壁的弹力纤维就会断裂，引起血管壁的损伤。同时血液中的脂溶性物质会渗透到血管壁的内膜中，这些都会使脑动脉失去弹性，造成脑动脉硬化。而脑动脉外膜和中层本身就比其他部位的动脉外膜和中层要薄。在脑动脉发生病变的基础上，当病人的血压突然升高，就有发生脑出血的可能。如果病人的血压突然降低，则会发生脑血栓。

2. 冠心病

冠心病是冠状动脉粥样硬化性心脏病的简称，是指冠状动脉粥样硬化导致心肌缺血、缺氧而引起的心脏病。血压升高是冠心病发病的独立危险因素。研究表明，冠状动脉粥样硬化病人60%~70%有高血压，高血压患者患冠心病风险较血压正常者高四倍。

3. 肾脏的损害

高血压危害最严重的部位是肾血管，会导致肾血管变窄或破裂，最终引起肾功能的衰竭。

4. 高血压性心脏病

高血压性心脏病是高血压长期得不到控制的一个必然结果，高血压会使心脏泵血的负担加重，心脏变大，泵的效率降低，出现心律失常、心力衰竭从而危及生命。

二、营养与高血压

高血压是一种常见多发病，它的发生与发展受多种因素如遗传、种族、性别、饮食、环境等的影响。流行病学与临床营养学研究发现，饮食结构对高血压的发生与发展有重要联系，因此研究不同营养素与高血压的关系，对预防高血压的发生及高血压的辅助治疗具有非常重大的意义。

（一）钠盐与高血压

钠的过量摄入，导致体内钠潴留，而钠主要存在于细胞外，会使细胞外的渗透压增高，水分向外移动，细胞外液包括血液总量增多。血容量的增多会造成心输血量增大血压增高。钠的摄入量与高血压、脑中风的发生率呈正相关。此外过量的钠会使血小板功能亢进，产生凝聚现象，进而出现血栓堵塞血管。

降低食盐的摄取量不仅能预防高血压，减少因高血压所致中风的死亡率，还能降低钠盐所致的萎缩性胃炎及胃癌的死亡率。但又不能因为高钠的危害而限制必要的钠的供给，因为低钠同样会给身体造成损害。钠的缺乏在早期的症状不明显，当人体失去的钠达到0.75~1.2g/kg体重时，可出现恶心、呕吐、视力模糊、心率加快、脉搏微弱、血压下降、肌肉痉挛、疼痛反应消失，以至于出现淡漠、木僵、昏迷、休克、急性肾功能衰竭而死亡。

（二）矿物质与高血压

1. 钾

高钾浓度可能减少血管紧张素受体的数量，使血管不易收缩，从而降低血压。此外，钾与钠之间存在密切关系。尽管钠的摄入量是影响血压的主要因素，但膳食中钠/钾比例的变化在一定情况下也会对血压产生影响。在限制钠盐摄入时，若发现血液中的钾浓度过低，应及时补充钾盐。与仅限制钠盐相比，限制钠盐的同时补充钾盐可能更有利于降低血压，许多低钠盐产品中都含有钾盐成分。

2. 钙

研究发现，钙水平与高血压存在一定关系。临床治疗观察到，原发性高血压患者中伴有骨质疏松的患者，在服用钙剂和维生素 D 后血压变得稳定，甚至可减少降压药的剂量。

3. 镁

镁具有调节血压的作用。流行病学研究通过中国不同地区饮水中镁含量的测定发现，水中镁含量与高血压和动脉硬化性心脏病呈负相关。有报道称，增加镁摄入可以降低血压，而缺乏镁会降低降压药的效果。脑血管对低镁的痉挛反应最为敏感，中风可能与血清、脑组织、脑脊液中的镁含量不足有关。镁有助于确保钾进入细胞内，并阻止钙和钠的过量进入。因此，钠、钾、钙和镁在心血管系统中起着相互关联的作用。

此外，一些微量元素与血压密切相关。某些酶的组成和神经传递过程都需要微量元素参与，血压调节也不例外。例如，硒可降低血压；镉可能导致血压升高，增加主动脉壁的脂质沉积；铜缺乏可能导致血管内壁损伤，血液中总胆固醇水平升高。

（三）蛋白质、脂肪、维生素、膳食纤维与高血压

1. 蛋白质

适量摄入蛋白质。高血压患者每日蛋白质摄入的量为每公斤体重 1g 为宜，其中植物蛋白应占 50%，最好选择大豆蛋白，大豆蛋白虽无降压作用，但能防止脑中风的发生，可能与大豆蛋白中氨基酸的组成有关。每周还应吃 2~3 次鱼类蛋白质，可改善血管弹性和通透性，增加尿、钠排出，从而降低血压。此外，平时还应该常食用含酪氨酸丰富的物质，如脱脂奶、酸牛奶、奶豆腐、海鱼等。

2. 脂肪

膳食中摄入过多动物性高饱和脂肪会导致机体能量过剩，引起体重增加、血脂升高、血液黏稠度增加、外周血管阻力增加，进而导致血压升高。不饱和脂肪酸有助于降低血浆胆固醇水平，延缓血小板凝聚，抑制血栓形成，预防中风。

3. 维生素

维生素 C 有助于改善血管弹性，减少外周阻力，具有一定的降压作用，并能延缓高血压导致的血管硬化，预防血管破裂出血。维生素 E 的抗氧化作用可以维护细胞膜结构，抑制血小板聚集，有助于预防高血压并发症动脉粥样硬化的发生。B 族维生素有益于改善脂质代谢，保护血管结构和功能。

4. 膳食纤维

膳食纤维是植物中一类复杂化合物，具有多种生理功能，主要影响胆固醇代谢，因为肠内的膳食纤维可以抑制胆固醇吸收。研究表明，血清胆固醇每降低 1%，可以将心血管疾病发生的危险率降低 2%。

三、常见的辅助降血压的功能性食品

（一）肽

肽类在调节高血压方面发挥着重要作用。抗高血压肽是蛋白质衍生的短肽，通过水解过程释放；游离抗高血压肽可以靶向组织或器官，充当酶抑制剂，包括血管紧张素转换酶和肾

素，或具有其他作用机制的物质。这些肽是从不同的食物蛋白质中发现和分离的，主要来自牛奶、鸡蛋、肉类和鱼类。

1. 乳清蛋白肽

乳清蛋白是从牛奶中提取的一种蛋白质，含有多种氨基酸，其中一些可以经消化分解产生生物活性肽，如乳清蛋白肽被证明可以帮助降低血压，具有血管舒张作用。

2. 鱼类肽

鲨鱼、金枪鱼等鱼类蛋白质中含有的肽被认为具有降低血压的效果。一些鱼类肽被认为可以通过扩张血管、促进血液循环等方式降低高血压发生风险。人们可以通过食用新鲜或加工过的鱼类来获取鱼类肽。

3. 大豆肽

大豆是一种营养丰富的植物蛋白来源，其中含有大量的氨基酸，可以在消化过程中产生生物活性的肽段，即大豆肽。大豆肽可以对抗高血压，具有降低血压的潜力，还被认为具有降低 LDL（"坏"胆固醇）水平，从而支持心血管健康的作用。大豆肽通常以豆蛋白粉、大豆蛋白饮料或其他保健品的形式供人们食用。对于素食者或对动物蛋白敏感的人群，大豆肽也是一种重要的蛋白质来源之一。

（二）多酚类化合物

多酚是一类在许多植物食物中都被发现的化合物，具有抗氧化和抗炎作用。多项研究表明，摄入富含多酚的食物可以帮助降低血压，并改善心血管健康。具体来说，多酚可能有助于扩张血管、改善血管弹性、减轻心脏负担等，从而降低血压。

1. 蓝莓多酚

蓝莓多酚含有丰富的花青素，对心血管健康有益，可以降低血压、改善心脏功能。

2. 葡萄籽多酚

葡萄籽多酚是一种强效抗氧化剂，有助于保护心血管系统、降低血压，同时还可以提高心脏健康。

3. 可可黄酮

可可黄酮是可可豆中含有的一类多酚化合物，包括黄烯素和黄酮类化合物。可可黄酮对心血管健康有益，具有抗氧化、镇静、免疫调节等作用。它们可以帮助降低血压、改善心血管功能、减少血栓形成等。可可黄酮通常存在于含有高含量可可成分的深色巧克力中，适量的食用有助于维持心血管健康。

4. 茶多酚

茶多酚是茶叶中的一类重要化合物，主要包括茶黄素、茶黄酮等，被认为有利于降低血压、预防心血管疾病、促进代谢等。茶多酚的含量随不同种类、制作方法和泡茶时间而有所不同，适量饮用茶可能有助于维持健康。

（三）多不饱和脂肪酸

1. α-亚麻酸

α-亚麻酸是一种多不饱和脂肪酸，属于 ω-3 脂肪酸。α-亚麻酸具有抗炎和抗血小板聚集作用，有助于降低心血管疾病的发生风险，常常通过食物摄入。食物来源包括亚麻籽、亚麻籽油、核桃和某些植物油。

2. 二十碳五烯酸（EPA）

EPA 在鱼类和一些植物中比较常见，是一种对人体健康非常有益的脂肪酸。它被认为有助于降低心血管疾病的风险，并且具有抗炎和免疫调节的作用。增加摄入 EPA 的食物，如鱼类、亚麻籽等，有助于维持健康的心血管系统。

3. 二十二碳六烯酸（DHA）

DHA 在鱼类、海洋植物和藻类中比较常见。它是一种必需脂肪酸，有助于维护心血管健康、支持神经系统功能、调节免疫系统，并对预防心脏病和其他慢性疾病具有益处。

（四）维生素

1. 叶酸

叶酸是 B 族维生素中的重要成员，也称为维生素 B_9。叶酸对身体健康有着重要的影响，尤其在孕妇和胎儿的健康发育中具有关键作用。叶酸通过降低体内同型半胱氨酸水平来发挥降压作用，同型半胱氨酸是一种危险的氨基酸，其高水平与高血压及其他心血管疾病的风险增加有关。

2. 维生素 C

研究显示维生素 C 高水平与显著降低血压存在高度关联。它可以改善内皮功能，促进血管扩张，从而有助于降低血压。另外，维生素 C 还可以减少体内的氧化应激，改善心血管健康。

3. 维生素 D

维生素 D 营养不足与动脉硬化有关，动脉硬化是高血压的成因之一。研究强调，与维生素 D 不足的个体相比，维生素 D 充足的个体高血压风险降低可达 30%。一项近期研究报告称，维生素 D 和维生素 K 水平同时较低，与血压升高、高血压风险增大有关，它们可能在改善心血管健康方面有一定作用。

（五）矿物质

1. 钾

钾可以帮助调节体内的钠水平，促进血管舒张，有助于降低血压。食物中富含钾的食物包括香蕉、土豆、菠菜、甜瓜、豆类和坚果等。

2. 镁

镁可以帮助放松血管平滑肌，从而舒张血管以达到降血压的功效。富含镁的食物包括绿叶蔬菜、坚果、豆类、全谷类食品和鱼类等。

3. 锌

锌是一种对于心血管健康和降低血压可能有益的微量元素。锌对于血压调节的作用可能与其参与血管活性物质的合成、促进血管扩张以及抗氧化作用有关。研究表明，摄入适量的锌可以帮助控制血压并降低高血压的风险。富含锌的食物包括瘦肉、鸡肉、海鲜、豆类、坚果和全谷类食品等。

4. 硒

硒对血管内皮功能和血管舒张起着一定作用，同时具有抗氧化的性质，有助于减少血管炎症和动脉粥样硬化的发展。研究表明，摄入适量的硒可以帮助维持心血管健康，调节血压，并降低患高血压的风险。富含硒的食物包括巴西坚果、海鲜、瘦肉、全麦面包、豆类和燕麦等。

（六）膳食纤维

摄入富含膳食纤维的食物可以有助于调节血压，特别是收缩压。燕麦、洋车前子和瓜尔胶等富含膳食纤维的食物和补充剂被发现对降低收缩压和舒张压有一定影响。摄入足够量的膳食纤维，包括全谷物、水果、蔬菜和豆类等食物，可以维持血压和整体健康。

第四节　辅助减肥的功能性食品

一、概述

近年来，肥胖症的发病率明显增加，尤其在一些经济发达国家，肥胖者剧增。即使在发展中国家，随着饮食条件的逐渐改善，肥胖患者也在不断增多，肥胖症已成为当今一个较为普遍的社会医学问题。迄今为止，较为常见的预防和治疗肥胖症的方法有药物疗法、饮食疗法、运动疗法和行为疗法四种。具有减肥的药物主要为食欲抑制剂，如加速代谢的激素及某些药物，影响消化吸收的药物等。食欲抑制剂大多是通过儿茶酚胺和5-羟色胺递质的作用降低食欲，使体重下降，这类药物主要有苯丙胺及其衍生物氟苯丙胺等。加速代谢的激素及药物主要通过增加生热使代谢率上升，达到减肥目的，它们主要有甲状腺激素、生长激素等。影响消化吸收的药物主要是通过延长胃的排空时间，增加饱腹感，减少能量与营养物的吸收，而使体重下降，这些药物包括食用纤维、蔗糖聚酯等。虽然这些药物都具有减肥作用，但大多有一定的副作用，而且药物治疗的同时，一般还需要配合低热量饮食以增加减肥效果。事实上，不仅仅是药物疗法，即使是运动疗法和行为疗法也需要结合低热量食品，可见，饮食疗法是最根本、最安全的减肥方法。因此，筛选具有减肥作用的功能性食品即成为减肥研究过程中的一个重要课题。

（一）肥胖症

肥胖症（obesity）是指体脂肪累积过多而对健康造成负面影响的身体状态，可能导致寿命减短及各种健康问题。肥胖症一般发生在成年女性，若身体中脂肪组织超过30%即定为肥胖，在成年男性身体中，脂肪组织超过25%则为肥胖。女性比男性判定肥胖症的标准高的原因是，一般正常女性脂肪组织比正常男性多。

（二）肥胖的测定方法

1. 体重

体重测定是反映疾病严重程度的一个重要指标。它能评价人体的营养情况尤其是反映热量的摄取与消耗是否平衡，以及是脂肪在体内的增加或减少的一个重要指标。

标准体重，即在一定身高范围内体重是标准的，超过这一体重称为肥胖，低于这一体重称为消瘦或营养不良，将这一体重称为标准体重。

体质指数，目前，用于测定标准体重最普遍与最重要的方法是测定体指数（body mass index，BMI）。BMI的计算公式是：

$$身体质量指数（BMI）＝体重（kg）／身高（m）^2$$

通过BMI评判的肥胖的标准见表5-4。

表 5-4 BMI 评判肥胖

分类	BMI
过轻	<18.5
正常	18.5~24.9
过重	25.0~29.9
肥胖（Ⅰ级）	30.0~34.9
肥胖（Ⅱ级）	35.0~39.9
肥胖（Ⅲ级）	≥40.0

2. 皮褶厚度

最通常使用的方法是用皮下脂肪测定器测定皮褶厚度，然后用公式计算身体的脂肪含量。具体方法是将前臂弯至上腹部，在上臂背侧自肩部骨隆起部位肩峰至臂肘部鹰嘴突部位的中点用笔画一记号，再使前臂下垂，上臂松弛，用拇指与前指在中点上面 1cm 处，抓起两层皮肤与脂肪，然后用皮下脂肪测定器在中点处测定三头肌皮褶厚度，也就是皮下脂肪。测定器夹住后 3s 读数，共测定 3 次取其平均值，误差在 0.5mm 以内。三头肌皮褶厚度，我国男性为 8.7mm 左右，女性为 14.6mm 左右。测定后，再用转换系数换算成体脂含量。

3. 腰臀比

腰臀比是指腰围和臀围的比值（无量纲比），其数值等于腰围除以臀围，也是一种用来判断肥胖的标准，根据世界卫生组织的定义，男性大于 0.9 或女性大于 0.85 即属肥胖。腰围是在最后可触知肋骨下缘与髂嵴上缘，两者中点的水平量度。臀围则是在双腿并拢时臀部最宽处的水平量度。有研究指出，腰臀比能比 BMI 更准确地预测心血管疾病风险，且相较于腰围或 BMI，腰臀比和老人（大于 75 岁）的死亡率关系更为密切。

4. 体脂肪率

体脂肪率是脂肪含量占总体重的百分比，一般认为男性体脂大于 25% 或女性大于 30% 即为肥胖。体脂肪率可通过以下公式用 BMI 的数值进行计算：

$$体脂\% = 1.2×BMI + 0.23×年龄 - 5.4 - 10.8×性别$$

（男性性别取值为 1，女性取 0）

（三）肥胖的类型

肥胖可分为单纯性肥胖和继发性肥胖两种。单纯性肥胖是指体内热量摄入大于消耗，导致脂肪过度积聚，体重超常。这种肥胖类型占所有肥胖病例的 95% 以上，患者没有明显的内分泌紊乱或代谢性疾病。继发性肥胖是由内分泌或代谢性疾病引起的，是疾病导致的体重增加。

此外，肥胖也可分为腹部肥胖和臀部肥胖。腹部肥胖常被称为苹果型肥胖，而臀部肥胖则被称为梨型肥胖。前者主要见于男性，后者主要见于女性。最新研究表明，腹部肥胖者比臀部肥胖者更容易患冠心病、中风和糖尿病。因此，腰围与臀围之比是关键指标。一般认为，腰围应小于臀围的 15%，否则可能存在潜在健康风险。

（四）肥胖症的病因

肥胖症的发生受多种因素的影响，主要因素有：饮食、遗传、劳作、运动精神以及其他疾病等。

1. 饮食

正常情况下，人体能量的摄入与消耗保持着相对的平衡，人体的体重也保持相对稳定。一旦平衡遭到破坏，摄入的能量多于消耗的能量，多余的能量则在体内以脂肪的形式储存起来，日积月累，最终发生肥胖，即单纯性肥胖。对于正常人，可通过非颤抖性生热作用散发掉多余的能量，保持体重的稳定性。但肥胖者的食物生热作用的能力明显减弱，这可能与其体内棕色脂肪的量不足或棕色脂肪功能障碍有关。棕色脂肪细胞的线粒体能氧化局部储存的脂肪，生产热量。当然，并非所有的肥胖者都有这种代谢障碍，大部分患者因摄食过多、活动量较小而造成肥胖。

2. 坐式生活形态

坐式生活形态在肥胖症的发病过程中起重要作用。肥胖症患者的活动量较体重正常的人少，例如在加拿大，生活方式为坐式的男性27%患有肥胖症，但正常活动量的男性仅有19.6%患有肥胖症。世界各地都可看到工作体力需求减少的现象，至少有30%的人生活中的运动量不足。这主要是由于在移动时搭乘交通工具的机会增加，且协助在家中省力的新技术也增加。研究表明，城市化导致每日能量支出减少300~400kcal，以车代步则使每日能量支出又减少200kcal。运动量下降的现象在儿童身上也能看到，主因是走路的机会变少，且体育课的数量也下降。

3. 遗传因素

据调查，肥胖者的家族中有肥胖病史者占34%，父母都肥胖者，其子女70%肥胖，父母一方肥胖者，其子女40%肥胖，父母体格正常或体瘦者，其子女肥胖仅占10%。有人还观察过多对同卵孪生儿及异卵孪生儿，发现虽然每对孪生儿从小就生活在不同的环境中，但体重相差大于5.4kg者，在异卵孪生儿中占51.5%，而在同卵孪生儿中仅占2%，这表示肥胖症的发生有着明显的遗传因素。尽管一些资料已经显示了肥胖的遗传性，但仍有些学者认为，家族肥胖并非单一的遗传因素所致，而与其饮食结构有关。

4. 生理和心理疾病的影响

某些生理或心理疾病以及治疗它们的药物会增加患者罹患肥胖症的风险。生理疾病包括一些罕见遗传病，以及一些先天或后天疾病，比如甲状腺功能低下、库欣综合征、生长激素缺乏症等，另外也包括了进食障碍（如暴食障碍和夜间进食综合征）。当精神过度紧张时，食欲受抑制；当迷走神经兴奋而胰岛素分泌增多时，食欲常亢进。实验证明，下丘脑可以调节食欲中枢，它们在肥胖发生中起重要作用。另外，某些药物可以导致体重增加和体质构成改变，这些药物包括胰岛素、硫酰脲、噻唑烷二酮类、非典型抗精神病药、抗抑郁药、糖皮质激素、某些抗癫痫药（比如苯妥英钠、丙戊酸钠）、苯噻啶以及某些剂型的激素类避孕药。

（五）肥胖的危害

肥胖是引发脂肪肝、高脂蛋白血症、动脉硬化、高血压、冠心病和脑血管疾病等疾病的基础。肥胖个体患冠心病的风险为正常体重个体的2~5倍，高血压的风险则为3~6倍，糖尿病的风险为6~9倍，脑血管疾病的风险为2~3倍。肥胖使各脏器负担加重，可能导致肺功能受损（脂肪堆积、隔膜升高、肺活量减少）、骨关节疾病（由超负荷压力引起的腰腿病）以及代谢异常（如痛风、胆结石、胰脏疾病和性功能障碍）。肥胖者的死亡率较高且寿命较短。

此外，肥胖者还易发生骨质增生、骨质疏松、内分泌紊乱、月经紊乱和不孕等问题，严重情况甚至会导致呼吸困难。

1. 心血管疾病

肥胖者的脂肪代谢特点主要表现为血浆游离脂肪酸、总胆固醇、甘油三酯和低密度脂蛋白含量增多，高密度脂蛋白含量降低。大量的脂肪组织沉积于人体的脏器、血管等部位，影响心脑血管、肝胆消化系统和呼吸系统等的功能活动，进而引发高脂血、高血压、动脉粥样硬化、心肌梗死等疾病。随着肥胖程度的加重，体循环和肺循环的血流量增加，心肌需氧量也增加，心肌负荷大幅度增加，导致心力衰竭。

2. 糖尿病

根据流行病统计数据显示，肥胖者患糖尿病的概率比正常人高 3 倍以上，这与其胰岛素分泌异常有关。胰岛素是由胰岛 β 细胞分泌的，对血糖水平有重要的调节作用。胰岛素分泌增多会导致脂肪合成增加，进而导致肥胖。肥胖加重了胰岛 β 细胞的负担，最终可能导致胰岛功能障碍，胰岛素分泌相对不足，进而使血糖水平异常升高，形成糖尿病。

3. 肿瘤

肥胖者体内的微量元素水平，如血清铁和锌，通常低于正常人。这些微量元素与免疫活性物质密切相关，因此肥胖者的免疫功能会下降，增加患肿瘤的风险。调查显示，中度肥胖男性患癌症的概率比正常人高 33%，主要涉及结肠癌、直肠癌和前列腺癌。同样，中度肥胖女性患癌症的概率比正常人高 55%，主要包括子宫癌、卵巢癌、宫颈癌和乳腺癌。女性乳腺癌和子宫癌的发病与由肥胖导致的体内雌激素水平异常升高密切相关。因此，肥胖明显增加患癌症的风险。

4. 脂肪肝

肥胖症患者脂肪代谢异常活跃，会导致体内产生大量的游离脂肪酸。这些脂肪酸进入肝脏后就可以合成脂肪，从而导致脂肪肝并引起肝功能异常。

二、常见的辅助减肥的功能性食品

（一）脂肪代谢调节肽

由乳、鱼肉、大豆、明胶等蛋白质混合物酶解而得，肽长 3~8 个氨基酸，主要由"缬—缬—酪—脯""缬—酪—脯""缬—酪—亮"等氨基酸组成。脂肪代谢调节肽的生理功能有：抑制脂肪的吸收，当同时食用油脂时，可抑制脂肪的吸收和血清甘油三酯上升；阻碍脂质合成，当同时摄入高糖食物后，由于脂肪合成受阻，抑制了脂肪组织和体重的增加；促进脂肪代谢，当与高脂肪食物同时摄入时，能抑制血液、脂肪组织和肝组织中脂肪含量的增加，同时也抑制了体重的增加，有效预防了肥胖。

（二）魔芋精粉和葡甘露聚糖

魔芋精粉的酶解精制品称葡甘露聚糖。葡甘露聚糖为主要由甘露糖和葡萄精以 β-1,4 糖苷键结合的高分子量非离子型多糖类线型结构，每 50 个单糖链上，有一个以 β-1,4 糖苷键结合的支链结构，沿葡甘露聚糖主链上平均每隔 9~19 个糖单位有一个糖基上 CH_2OH 酰化，它有助于增加葡甘露聚糖的溶解度。葡甘露聚糖对肥胖的主要生理作用机制有以下几点：含有非常低的热量、有助于延缓胃部的清空，从而增加饱腹感；和其他可溶性纤维一样，有助于抑制脂肪的吸收；可以为肠道内的有益细菌提供营养，将其转变为丁酸盐等短链脂肪酸。

（三）L-肉碱

肉碱有 L 型、D 型和 DL 型，只有 L-肉碱才具有生理价值。D-肉碱和 DL-肉碱完全无活性，且抑制 L-肉碱的利用。L-肉碱由于具有多种营养和生理功能，已被视作人体的必需营养素。人体正常所需的 L-肉碱，通过膳食（肉类和乳品中较多）摄入，部分由人体的肝脏和肾脏以赖氨酸和蛋氨酸为原料，在维生素 C、尼克酸、B 族维生素和铁等的配合协助下自身合成（内源性 L-肉碱），但当有特定要求时，就不足以满足需求。天然品存在于肉类、肝脏、人乳等中，正常成人体内约有 L-肉碱 20g，主要存在于骨骼肌、肝脏和心肌等。蔬菜、水果几乎不含肉碱，因此，素食者更应该补充。在生物体内，L-肉碱的基本功能是促进脂肪酸氧化供能。脂肪的代谢过程要经过线粒体膜，线粒体可以代谢脂肪，使之释放能量，被身体消耗，但是长链脂肪酸通不过这道障碍。L-肉碱是脂代谢的一种必需的辅酶，能促进脂肪酸进入线粒体进行氧化分解，是转运脂肪酸的载体。L-肉碱作为脂肪酸 β-氧化和 TCA 循环的关键物质，可将体内多余的脂肪酸及其他脂肪酸的残留物以酯酰基形式从线粒体膜外转移到膜内，使细胞内的能量平衡。L-肉碱能够促进脂肪酸穿过线粒体膜进行氧化供能，因此在运动时可以促进身体内脂肪的分解来提供能量。

复习思考题

1. 简述具有辅助调节血脂功能的功能性食品设计思路和原则。
2. 具有调节血糖的生理活性因子有哪些？
3. 调节血压应遵循怎样的营养防治原则？
4. 简述膳食纤维和 L-肉碱辅助减肥的作用机理。

第六章 改善消化系统的功能性食品

学习目标

1. 了解人体消化系统构成。
2. 掌握益生菌、益生元、合生元的概念。
3. 掌握改善消化系统的功能性食品和生理活性因子。
4. 掌握改善消化系统的功能性食品的主要作用机制。

人体消化系统由消化道和消化腺组成。消化道包括口腔、咽、食管、胃、小肠、大肠、肛门。消化腺分两类：一类是位于消化道之外的大消化腺，如唾液腺、肝脏、胰腺。它们由导管与消化道相通，使消化液流入消化道。另一类是位于消化道（各段的管壁）内的小消化腺，数目甚多，如胃腺和肠腺等，其分泌液直接进入消化道的管腔中。食物中的多种营养成分，尤其是产能营养素，多是结构比较复杂的大分子，不能直接为人体所利用，必须通过消化将其变成结构简单的小分子，才能被机体吸收、利用。

一、食物的消化

消化是指在消化道内将食物分解为可以被吸收的成分的过程。食物的消化方式有两种：物理性消化，是指食物经过牙齿的咀嚼和胃肠的蠕动被磨碎搅拌并与消化液混合；化学性消化，是指通过消化液中消化酶的作用，使食物分解成可吸收的物质。

二、营养物质的吸收

经过消化的食物成分通过消化道壁进入循环系统的过程称为吸收。营养物质只有进入循环系统，才能被运送到机体各部分的组织细胞处。食物中的蛋白质、脂肪和糖类在消化道内消化成小分子后被吸收，而食物中的水、无机盐和维生素，不经过消化，在消化道内直接被吸收。人体的各段消化道的吸收能力是不同的。口腔和食道几乎无吸收营养物质的能力，胃黏膜仅可吸收酒精和少量的水。大肠则可吸收少量的水、无机盐和部分维生素，因此营养物质主要是依靠小肠来吸收的。营养物质吸收的途径是不同的，脂肪酸和甘油进入毛细淋巴管，而其余的营养成分则进入毛细血管。

第一节　辅助调节肠道菌群的功能性食品

一、人体肠道菌群及其构成

人类肠道菌群有 100 余种菌属，400 余种菌种，菌数为 $10^{12} \sim 10^{13}$ CFU/g 粪便，占干粪便重 1/3 以上，其中以厌氧和兼性厌氧菌为主，需氧菌比较少。形态上有拟杆菌、球菌、拟球菌和梭菌。这些数目庞大的细菌大致可以分为三个大类：有益菌、有害菌和中性菌。有益菌，也称为益生菌，主要是各种双歧杆菌、乳酸杆菌等，是人体健康不可缺少的要素，可以合成各种维生素，参与食物的消化，促进肠道蠕动，抑制致病菌群的生长，分解有害、有毒物质等。有害菌，数量一旦失控大量生长，就会引发多种疾病，产生致癌物等有害物质，或者影响免疫系统的功能。中性菌，即具有双重作用的细菌，如大肠杆菌、肠球菌等，在正常情况下对健康有益，一旦增殖失控，或从肠道转移到身体其他部位，就可能引发许多问题。表 6-1 为肠道菌群中主要细菌的作用。

表 6-1　肠道菌群中主要细菌的作用

有益作用	肠道菌种类	有害作用	肠道菌种类
免疫调节	大肠埃希菌	腹泻与便秘、致病性感染、肝、脑损害与致肿瘤	绿脓假单胞菌
	乳杆菌		变形杆菌
	真杆菌		葡萄球菌
	双歧杆菌		梭杆菌
	拟杆菌		肠球菌
助消化、促吸收与延缓衰老	乳杆菌		大肠埃希菌
	双歧杆菌		链球菌
	拟杆菌		真杆菌
			拟杆菌
抑制外来菌与病原菌的生长	肠球菌	产生腐败产物	拟杆菌
	乳杆菌		大肠埃希菌
	链球菌	产生致癌物	链球菌
	真杆菌		拟杆菌
	双歧杆菌		

人体的健康与肠道内的菌群结构息息相关。肠道菌群在长期的进化过程中，通过个体的适应和自然选择，菌群中不同种类之间，菌群与宿主之间，菌群、宿主与环境之间，始终处于动态平衡状态中，形成一个互相依存、相互制约的系统，因此，在正常情况下，菌群结构相对稳定，对宿主表现为不致病。

胎儿在子宫内时肠腔属于无菌状态，出生后肠道菌群一直处于动态变化。最初是大肠菌和肠球菌、梭菌占主体，出生 5 天后对婴幼儿免疫防御有着重要作用的双歧杆菌开始占优势。1 岁后肠道菌群逐渐稳定。3 岁后肠道菌群在数量和种类上有了极大的丰富，基本与成人肠道菌群成熟度相当。随着饮食结构的变化，肠道拟杆菌、链球菌等菌群逐步增多，双歧杆菌逐步减少。到了中老年以后，双歧杆菌进一步减少，韦永球菌等有害菌进一步增加。

二、肠道主要有益菌及其作用

乳杆菌和双歧杆菌是人体肠道中有益菌的代表。

（一）乳杆菌（*Lactotacillus*）

乳杆菌是人们认识最早、研究较多的肠道有益菌，是一种革兰氏染色阳性、无芽孢杆菌。已知的乳杆菌对人体健康的有益作用主要有以下三点。

1. 抑制病原菌和调整正常肠道菌群

嗜酸乳杆菌对肠道某些致病菌具有明显的抑制作用，如大肠埃希菌中的产毒菌种、克雷伯菌、沙门菌、志贺菌、金黄色葡萄球菌以及其他一些腐败菌。研究发现，在大剂量抗生素治疗时和治疗后，肠道正常菌群被大量杀灭，难辨芽孢梭菌过度增殖可引起伪膜性肠炎，而嗜酸乳杆菌既能控制该菌过度增殖同时又能抑制其产生毒素，从而起到保护肠道菌群的作用。另一方面，嗜酸乳杆菌还能与外籍菌（或称过路菌）或致病菌竞争性地占据肠上皮细胞受体而达到抗菌作用。

2. 抗癌与提高免疫能力

根据迄今已有的研究和报告，可将其作用列出以下 4 点：①激活肠道免疫系统，提高自然杀伤细胞活性；②同化食物与内源性和肠道菌群所产生的致癌物；③减少 β-葡萄糖苷酶、β-葡萄糖醛酸酶、硝基还原酶、偶氮基还原酶的活性，这些被认为与恶性肿瘤的产生有关；④分解胆汁酸。

3. 促进乳糖代谢

乳杆菌可分解乳糖，加速其代谢。缓解腹泻、胀气等不适症状。

（二）双歧杆菌（*Bifidobacterium*）

双歧杆菌是一种革兰氏阳性、不运动、细胞呈杆状、一端有时呈分叉状、严格厌氧的细菌属。双歧杆菌对人体健康的有益作用主要体现在以下 4 点。

1. 营养作用

双歧杆菌缺少醛酶、葡萄糖，因此其分解代谢途径不同于乳酸菌。双歧杆菌最主要产物主要包括乳酸、乙酸等，可改善机体 pH，促进铁和维生素 D 的吸收并提高磷、铁、钙的利用率；双歧杆菌可以通过磷蛋白磷酸酶分解 α-酪蛋白，促进蛋白吸收。临床上，机体在缺乏乳糖酶的情况下，摄入的乳糖或纯牛奶不能被消化吸收进血液，仍然留在肠道内，肠道细菌就会在发酵分解乳糖的过程中产生大量气体，造成腹泻、胃胀和气胀等症状。而双歧杆菌含有活性较多数细菌高的乳糖酶，这种酶能发酵乳糖产生半乳糖。因此，乳糖酶缺乏者，适宜饮用经双歧杆菌发酵的乳制品。

2. 抗腹泻与防便秘

双歧杆菌的重要生理作用之一是通过阻止外袭菌或病原菌的定植以维持良好的肠道菌群状态，从而呈现出既纠正腹泻又防止便秘的双向调节功能。通过双歧杆菌对慢性腹泻患者临床观察的研究表明，在服用双歧杆菌两周以后，患者大便次数、形状异常等临床症状消失，总有效率为 90.3%，复发率低。

3. 免疫调节与抗肿瘤

双歧杆菌具有调节免疫功能的作用，主要通过对肠道黏膜的刺激，激活肠道黏膜的免疫系统，使其产生抗体、细胞因子，进而更好地提高肠道黏膜的免疫、抗感染能力。同时，双歧杆菌可以影响肠道菌群代谢、提高宿主免疫应答；黏附及降解潜在致癌物，预防肠道癌症；改变肠道菌群；产生抗癌抗诱变物质；提高宿主的免疫应答；影响宿主的生理活动来实现对消化道肿瘤的干预。双歧杆菌的全细胞或细胞壁成分能作为免疫调节剂，强化或促进对恶性肿瘤细胞的免疫性攻击作用。双歧杆菌还有对轮状病毒的拮抗性、与其他肠道菌的协同性屏障作用以及对单核吞噬细胞系统的激活作用。

4. 合成维生素和分解腐败物

除青春双歧杆菌外，其他各种杆菌均能合成大部分 B 族维生素，其中长双歧杆菌合成维生素 B_2 和维生素 B_6 的作用尤为显著。双歧杆菌分泌的许多生理性酶是分解腐败产物和致癌物的基础，如酪蛋白磷酸酶、溶菌酶、乳酸脱氢酶、果糖-6-磷酸酮酶、半乳糖苷酶、β-葡萄糖苷酶、结合胆汁酸水解酶等。

三、肠道菌群失调

机体内外的各种原因导致栖息在人体肠道的菌群生态平衡破坏，某种或某些菌种过多或过少，外来的致病菌或过路菌的定植或增殖，或者某些肠道菌向肠道外其他部位转移，均称为肠道菌群失调（enteric dysbacteriosis）。

引起肠道菌群失调的原因较多，如婴幼儿喂养不当、营养不良，中老年年老体弱，肠道与其他系统急慢性疾病，长期使用抗生素、激素、抗肿瘤药，放疗或化疗等，均可引起肠道菌群失调。

肠道菌群失调可有以下两种常见的表现。一是腐败菌显著增多、双歧杆菌与乳杆菌减少，常见于中老年人，大多数情况下无临床症状，甚至可以认为不是异常现象，但可有消化吸收功能与食欲不佳、腹胀、产气、便秘等一般不适反应，这是改善肠道菌群功能食品最为适用的人群，往往收效明显。二是肠道菌群的比例失调，有人按比例失调程度分为 3 度。第 1 度为由于某种食物或药物引起轻微短期的大肠菌与肠球菌减少，原因去除后即可恢复。第 2 度为正常肠道菌显著减少，过路菌增多，可引起肠道异常发酵及各种肠炎，如各种致病菌引起的食物中毒及消化道传染病；白念珠菌、放线菌、隐球菌、毛霉菌引起的真菌性肠炎。第 3 度为肠道正常菌被抑制，而由过路菌所代替，如由服用抗生素引起的难辨梭状芽孢杆菌引起的伪膜性肠炎等。

四、调整肠道菌群的措施

（1）强调婴儿的母乳喂养。大量研究已经证明，母乳喂养婴儿肠道中的双歧杆菌占肠道菌群的比例远远高于人工喂养婴儿。

（2）膳食结构合理化，尤其是保持乳品在膳食构成上的适宜比例，乳品由于能提供乳糖、降低肠道 pH 及其他原因，有利于乳杆菌、双歧杆菌等有益菌的增殖并有效地抑制腐败菌与致病菌。

（3）适当控制抗生素的应用，抗生素的长期应用是造成肠道菌群失调的重要原因之一。

（4）利用有益活菌制剂及其增殖促进因子，保证或调整有益的肠道菌群构成，从而收到特定的健康利益，是当前国内外保健食品开发有效的、重要的领域。

五、具有调节肠道菌群功能的功能性食品

（一）益生菌（有益活菌制剂）

《中国营养学会益生菌与健康专家共识》将益生菌定义为：活的微生物，当摄入充足的数量时，对宿主产生健康益处。在生命早期摄入益生菌并使益生菌定植于肠道，对婴幼儿十分重要。婴幼儿肠道中益生菌的大量增殖被认为是感染性腹泻、炎症性肠病和过敏性疾病发生率相对较低的重要因素之一。益生菌的生理作用机制主要包括以下几点。

大多数益生菌为厌氧菌，而致病菌多为需氧菌。由于益生菌对肠道环境的生物夺氧，致病菌生长受到抑制，确保了有益菌的优势地位和稳定组合。

益生菌进入肠道占据消化道的定植位点，通过竞争黏附形成生物屏障，限制了有害菌与肠上皮接触，防止病原体的繁殖和肠上皮组织的吸附，从而减少致病菌感染。

益生菌可直接作用于宿主的免疫系统，刺激免疫器官的发育，促进巨噬细胞活性，激活肠黏膜淋巴组织，增加免疫球蛋白抗体的分泌，并诱导淋巴细胞和巨噬细胞产生细胞因子，激活全身免疫系统。

益生菌产生的活性代谢产物胞外多糖、细菌素、短链脂肪酸等被证明具有调节免疫功能、抗炎症、抗氧化、预防代谢性疾病等作用。

研究发现，多菌株的效果受到配伍菌种和目标人群等因素的影响。在针对幽门螺杆菌感染时，使用单一益生菌菌株或四菌株混合物均未发现显著的改善效果，而双菌株混合物使其感染得以明显缓解。针对肠易激综合征、抗生素相关性腹泻、特异反应性皮炎等，多菌株混合物并未体现出比单菌株更显著的效果。然而，小儿坏死性肠炎等疾病中，益生菌组合干预具有更好的功效。

多菌株发挥健康功效的原因可能是：

（1）多菌种复合益生菌制剂可分解转化更多的营养物质，比如增加消化酶的多样性和创造更好的微生态环境，以更好维护人体肠道微生态多样性。

（2）菌种之间存在交叉互养行为，进而发挥了协同增效的作用。同一菌属之间也存在潜在的肠道共生关系。

（3）菌种复配丰富了其潜在的生理调节机制。多菌株复配可以增加各类目标菌株的肠道黏附性，进而促进菌株与宿主细胞的相互作用。

总体来说，益生菌的健康调节作用并不存在明显的菌株复配数量依赖性，而是益生菌菌株、饮食模式差异、目标人群特征、干预时间等多种因素的复杂影响。

目前，国内外对于益生菌产品每日推荐摄入活菌数量的要求不尽相同。国际益生菌和益生元科学协会专家团队在益生菌应用指南中提出：益生菌的推荐量为 $10^8 \sim 10^{11}$ CFU/d。FAO/WHO 食品标准组联合国际食品法典委员会营养与特殊膳食食品委员会指出：添加益生菌的食品推荐摄入活菌数要达到 10^9 CFU/d。2020 年，中华预防医学会微生态学分会发布的《中国微生态调节剂临床应用专家共识》指出，益生菌的作用具有菌株特异性和剂量依赖性，益生菌的补充剂量通常限制在 $10^8 \sim 10^{11}$ CFU/d 的范围。表 6-2 为可用于食品的菌种名单，表 6-3 为可

用于婴幼儿食品的菌种名单，表6-4为可用于保健食品的益生菌菌种名单。

表6-2　可用于食品的菌种名单

序号	名称	拉丁学名
第一类	双歧杆菌属	*Bifidobacterium*
1	青春双歧杆菌	*Bifidobacterium adolescentis*
2	动物双歧杆菌（乳双歧杆菌）	*Bifidobacterium animalis*（*Bifidobacterium lactis*）
3	两歧双歧杆菌	*Bifidobacterium bifidum*
4	短双歧杆菌	*Bifidobacterium breve*
5	婴儿双歧杆菌	*Bifidobacterium infantis*
6	长双歧杆菌	*Bifidobacterium longum*
第二类	乳杆菌属	*Lactobacillus*
1	嗜酸乳杆菌	*Lactobacillus acidophilus*
2	干酪乳杆菌	*Lactobacillus casei*
3	卷曲乳杆菌	*Lactobacillus crispatus*
4	德氏乳杆菌保加利亚亚种（保加利亚乳杆菌）	*Lactobacillus delbrueckii* subsp. *Bulgaricus*（*Lactobacillus bulgaricus*）
5	德氏乳杆菌乳亚种	*Lactobacillus delbrueckii* subsp. *lactis*
6	发酵乳杆菌	*Lactobacillus fermentium*
7	格氏乳杆菌	*Lactobacillus gasseri*
8	瑞士乳杆菌	*Lactobacillus helveticus*
9	约氏乳杆菌	*Lactobacillus johnsonii*
10	副干酪乳杆菌	*Lactobacillus paracasei*
11	植物乳杆菌	*Lactobacillus plantarum*
12	罗伊氏乳杆菌	*Lactobacillus reuteri*
13	鼠李糖乳杆菌	*Lactobacillus rhamnosus*
14	唾液乳杆菌	*Lactobacillus salivarius*
15	清酒乳杆菌[1]	*Lactobacillus sakei*
16	弯曲乳杆菌[2]	*Lactobacillus curvatus*
第三类	链球菌属	*Streptococcus*
1	嗜热链球菌	*Streptococcus thermophilus*
第四类	乳球菌属	*Lactococcus*
1	乳酸乳球菌乳酸亚种[3]	*Lactococcus Lactis* subsp. *lactis*
2	乳酸乳球菌乳脂亚种[3]	*Lactococcus Lactis* subsp. *cremoris*
3	乳酸乳球菌双乙酰亚种[3]	*Lactococcus Lactis* subsp. *diacetylactis*

续表

序号	名称	拉丁学名
第五类	明串球菌属	*Leuconostoc*
1	肠膜明串珠菌肠膜亚种④	*Leuconostoc mesenteroides* subsp. *mesenteroides*
第六类	丙酸杆菌属	*Propionibacterium*
1	费氏丙酸杆菌谢氏亚种⑤	*Propionibacterium freudenreichii* subsp. *Shermanii*
2	产丙酸丙酸杆菌②	*Propionibacterium acidipropionici*
第七类	片球菌属	*Pediococcus*
1	乳酸片球菌⑥	*Pediococcus acidilactici*
2	戊糖片球菌⑥	*Pediococcus pentosaceus*
第八类	葡萄球菌属	*Staphylococcus*
1	小牛葡萄球菌⑦	*Staphylococcus vitulinus*
2	木糖葡萄球菌⑦	*Staphylococcus xylosus*
3	肉葡萄球菌⑦	*Staphylococcus carnosus*
第九类	芽孢杆菌属	*Bacillus*
1	凝结芽孢杆菌⑧	*Bacillus coagulans*
第十类	克鲁维酵母属	*Kluyveromyces*
1	马克思克鲁维酵母⑨	*Kluyveromyces marxianus*

注　(1) 传统上用于食品生产加工的菌种允许继续使用。名单以外的、新菌种按照《新食品原料申报与受理规定》
　　　执行。
　　(2) 可用于婴幼儿食品的菌种按现行规定执行，名单另行制定。
　　① 《关于批准番茄籽油等 9 种新食品原料的公告》（2014 年第 20 号）
　　② 《关于弯曲乳杆菌等 24 种"三新食品"的公告》（2019 年第 2 号）
　　③ 《关于批准翅果油等 2 种新资源食品的公告》（2011 年第 1 号）
　　④ 《关于将肠膜明串珠菌肠膜亚种列入〈可用于食品的菌种名单〉的公告》（2012 年第 8 号）
　　⑤ 《关于批准雨生红球藻等新资源食品的公告》（2010 年第 17 号）
　　⑥ 《关于批准壳寡糖等 6 种新食品原料的公告》（2014 年第 6 号）
　　⑦ 《关于小牛葡萄球菌等 3 菌种的公告》（2016 年第 4 号）
　　⑧ 《关于发酵乳杆菌 CECT5716 等 3 个菌种的公告》（2016 年第 6 号）
　　⑨ 《关于批准显齿蛇葡萄叶等 3 种新食品原料的公告》（2013 年第 16 号）

表 6-3　可用于婴幼儿食品的菌种名单

[《关于公布可用于婴幼儿食品的菌种名单的公告》（2011 年第 25 号）]

菌种名称	拉丁学名	菌株号	菌株国籍
嗜酸乳杆菌*	*Lactobacillus acidophilus*	NCFM	美国
动物双歧杆菌	*Bifidobacterium animalis*	Bb-12	丹麦
乳双歧杆菌	*Bifidobacterium lactis*	HN019	新西兰
		Bi-07	美国

续表

菌种名称	拉丁学名	菌株号	菌株国籍
鼠李糖乳杆菌	*Lactobacillus rhamnosus*	LGG	美国
		HN001	新西兰
罗伊氏乳杆菌	*Lactobacillus reuteri*	DSM17938	瑞典
短双歧杆菌	*Bifidobacterium breve*	M−16V	日本
发酵乳杆菌	*Lactobacillus fermentum*	CECT5716	西班牙
瑞士乳杆菌	*Lactobacillus helveticus*	R0052	加拿大
婴儿双歧杆菌	*Bifidobacterium infantis*	R0033	加拿大
两歧双歧杆菌	*Bifidobacterium bifidum*	R0071	加拿大
长双歧杆菌长亚种	*Bifidobacterium longum subsp. longum*	BB536	日本
鼠李糖乳杆菌	*Lactobacillus rhamnosus*	MP108	中国

＊仅限用于 1 岁以上幼儿的食品。

表 6-4　可用于保健食品的益生菌菌种名单
[《关于印发真菌类和益生菌类保健食品评审规定的通知》（卫法监发［2001］84 号）]

序号	名称	拉丁学名
第一类	双歧杆菌属	*Bifidobacterium*
1	两歧双歧杆菌	*Bifidobacterium bifidum*
2	婴儿双歧杆菌	*Bifidobacterium infantis*
3	长双歧杆菌	*Bifidobacterium longum*
4	短双歧杆菌	*Bifidobacterium breve*
5	青春双歧杆菌	*Bifidobacterium adolescentis*
第二类	乳杆菌属	*Lactobacillus*
1	德氏乳杆菌保加利亚种	*Lactobacillus bulgaricus* subsp. *bulgaricus*
2	嗜酸乳杆菌	*Lactobacillus acidophilus*
3	干酪乳杆菌干酪亚种	*Lactobacillus casei* subsp. *casei*
4	罗伊氏乳杆菌	*Lactobacillus reuteri*
第三类	链球菌属	*Streptococcus*
1	嗜热链球菌	*Streptococcus thermophilus*

（二）益生元（有益菌增殖促进剂）

益生元是指可被宿主微生物选择性利用的底物，可以刺激肠道内有益菌的生长和活性，同样可以赋予宿主健康益处。成功的益生元在通过上消化道时，不被宿主消化吸收而能被肠道菌群所发酵。最重要的是它只能刺激有益菌群的生长，而不刺激潜在致病性细菌或有害细菌。不同的益生元可以刺激不同肠道定殖菌的生长，具有修饰肠道菌群的巨大潜力。具有益生元作用的物质包括各种低聚糖、膳食纤维、酚类、亚油酸和多不饱和脂肪酸，有些微藻类也可作为益生元，如螺旋藻。部分多糖如云芝多糖、蛋白质水解物如乳铁蛋白等也能作为益生元使用。其中低聚果糖和低聚半乳糖在益生元中占主导地位。婴儿配方粉中添加 9∶1 的短链低聚半乳糖和长链低聚果糖，可模拟母乳中非消化性低聚糖的功能，增加婴幼儿肠道双歧杆菌，使婴儿的肠道菌群组成更接近于母乳喂养，是研究最多的益生元组合。

使用益生元使有益菌繁殖并产生有机酸，可使肠道 pH 降低，抑制病原体的生长。益生元不仅可以辅助益生菌减少临床相关的多种病原体感染，也可以影响婴幼儿过敏性疾病。WAO 过敏性疾病预防指南建议，应当在非纯母乳喂养婴儿中补充益生元，不论婴儿过敏风险是高还是低。我国 2019 年发布的《儿童过敏性疾病诊断及治疗专家共识》也建议，不能母乳喂养者应添加含有益生元的配方奶粉预防过敏。

（三）合生元（益生菌和益生元的综合制剂）

合生元由益生菌和益生元混合形成，是一种为克服益生菌在体内可能出现的生存问题而产生的制剂，既可促进益生菌发挥生理活性，又可选择性地增加益生菌数量，抑制致病菌的生长和代谢，激活机体免疫反应，从而恢复机体的微生态平衡，对机体产生积极影响。选择合生元配方需要满足以下原则：选择合适的益生菌和益生元，各自单独使用时对宿主有健康益处；确定益生元可以特异性刺激益生菌生长，并对健康产生有益影响，同时不刺激或有限刺激其他肠道微生物；进入肠道后展现协同作用；临床试验验证有效。

合生元可以分为互补型合生元与协同型合生元。

互补型合生元是指具有独立益生作用的益生菌和益生元结合之后，它们独立工作展现出一种或多种益生功效。大部分用于临床试验或商业化的合生元均为互补型合生元。

在协同型合生元中，鉴于益生菌糖类代谢的差异性，将益生菌与其能够特异性代谢的益生元组合在一起，并把益生元对益生菌的选择性刺激称为协同效应。与互补型合生元相比，理性设计的协同型合生元不需要满足对益生菌和益生元的最低规定，且益生菌能够特异性代谢益生元，益生元也能选择性刺激益生菌生长。益生元能够保护益生菌抵御胃酸和胆盐，使其在通过肠道过程中维持较高的存活率；益生菌能够利用益生元这一专属碳源原位生长，在与肠道微生物的营养竞争中占据优势。

合生元制剂的组成特性，决定其能同时发挥益生菌与益生元的双重作用：①益生元与肠黏膜低聚糖受体特异结合，取代病原菌外源凝集素，减少病原菌在肠上皮的定植数目，从而增强肠道固有菌群的竞争优势；②益生元促进益生菌大量繁殖，形成干扰致病菌入侵和定植的生物屏障；③人体寄生的微生物群产生的酶能消化益生元，直接供养于肠道微生物；④益生元与益生菌可以产生相互协同作用。

总体来说，合生元一方面通过直接增加益生菌来补充优势菌群，另一方面通过益生元刺激肠道内微生物的活性对宿主产生有益的影响，从而改善肠道健康。

第二节　辅助润肠通便的功能性食品

一、概述

便秘表现为每周排便次数少于三次、粪便干硬、排便困难。便秘在各年龄阶段人群中普遍存在，发病率为2%~28%。随着年龄的增长，患病率会显著增加，尤以老年女性和妊娠期妇女为高危人群。便秘的主要症状包括排便次数减少、粪便干硬和排便困难，同时会伴有腹部胀痛、食欲减退、疲乏无力等。便秘人群中功能性便秘占比最大。功能性便秘是指缺乏器质性病因，没有结构异常或代谢障碍，又除外肠易激综合征的慢性便秘。功能性便秘患者可以有粪便坚硬、排便困难、便不尽感和便次减少等表现（表6-5）。

表6-5　功能性便秘的诊断标准

1. 必须符合以下2项或2项以上
（1）至少25%的排便感到费力
（2）至少25%的排便为干球状便或硬便
（3）至少25%的排便有肛门直肠阻塞感或梗阻感
（4）至少25%的排便需要手法帮助（如用手指助便、盆底支持）
（5）便次<3次/周
2. 在不使用泻药时很少出现稀便
3. 没有足够的证据诊断肠易激综合征

（一）便秘的分类

1. 按发病部位分类

结肠性便秘，粪便在结肠内存留时间过久，水分含量降低，粪便干燥、坚硬、量少且不易排出。

直肠性便秘，直肠黏膜感受器敏感性减弱，导致粪块在直肠堆积。

2. 按便秘性质分类

机械性便秘，由于结肠内外的机械性梗阻引起的便秘。

无力性便秘，由于结肠蠕动功能减弱或丧失引起的便秘。

痉挛性便秘，由于肠平滑肌痉挛引起的便秘。

习惯性便秘，多见于中老年人和经产妇女，发生的原因较为复杂。

（二）导致便秘发生的原因

（1）不良生活习惯导致便秘：没有养成定时排便的习惯，忽视正常的便意；日常饮食过于精细，缺乏膳食纤维；液体量摄入不足；缺少运动；睡眠不足、持续高度的精神紧张状态等。

（2）疾病导致便秘（如先天性巨结肠病、老年性巨大结肠病、大肠癌、大肠息肉、大肠憩室、慢性结肠炎、肠闭塞等)。

(3) 服用利尿剂所引起的脱水导致便秘。

(4) 年龄增长发生便秘。随年龄增长，唾液腺、胃肠和胰腺的消化酶分泌减少；腹部和骨盆肌肉无力，敏感性降低；结肠肌层变薄，肠平滑张力减弱，肠反射降低，蠕动减慢，这些均是导致老年人发生单纯性便秘的主要因素。

二、便秘的发生机制

便秘可以看作是不同病理生理过程的最终症状表现。排便过程需外周神经兴奋，将冲动传到初级排便中枢和大脑皮层，引起结肠、直肠和肛门括约肌及盆底肌肉的协调运动而完成。任何一个环节发生障碍都可导致便秘。

(1) 结肠。结肠运动形式中蠕动最为重要，是由一些稳定向前的收缩波组成。还有一种进行很快且推进很远的蠕动，即集团性蠕动。集团蠕动常见于餐后，由十二指肠—结肠反射所引起。肠道内容物的移动由餐后结肠各部分压力梯度决定，集团蠕动是维持肠道正常功能所必需的。

(2) 直肠肛管。正常排便时，当粪便进入直肠便产生便意，肛门内括约肌松弛，对包绕其外的肛门外括约肌环形成扩张作用，直肠收缩使直肠腔内压力超过肛管压力，同时，排便反射发生，肛门内括约肌松弛使粪便排出。肛管内压超过直肠内压而引起排便困难是出口梗阻型便秘的常见动力障碍。盆底痉挛综合征患者排粪造影显示肛管直肠角缩小，用力排便时不增大，盆底直肠前突深度和直肠排空时间相关。耻骨直肠肌痉挛综合征肌电图表现为矛盾性耻骨直肠肌收缩。另一个重要的病理生理是盆腔底功能失调，其特点是结肠通过正常或轻微减慢，但粪便残渣在直肠中储留延长，其主要缺陷是不能从直肠排出其内容物。这种功能性缺陷还有许多其他名称 (出口梗阻、大便困难、松弛不能、盆腔底协同失调)。对导致不能将粪便从直肠排出的这一推论性病理生理的理解尚不深，最简单的可能分类为：①肌肉高张力 (松弛不能)，盆腔底不完全松弛以及试图排便时盆腔底和肛门外括约肌的矛盾收缩。②肌肉低张力，有时伴有巨直肠和盆腔底过度降低。这些综合征是多因素的，有些尚不甚了解。

(3) 肠壁肌层及肌间神经丛的病理改变。研究显示，便秘病人的结肠壁有肌纤维变性、肌肉萎缩、肠壁肌间神经丛变性、变形、数量减少等病理改变。

(4) 肠壁内神经递质的变化。

三、具有润肠通便作用的功能性食品的开发

具有润肠通便功效的功能性食品开发一般针对发生的因素进行调整，如增加食物中纤维素的总量、改善睡眠和体重、缓解精神紧张状态、增加肠液分泌和改善内分泌等以促进定期排便，从而改善便秘情况。常见的具有润肠通便功效的功能性食品有以下3种。

(一) 膳食纤维

水溶性膳食纤维可在肠道形成黏液，增加粪便的湿润度，使其更容易通过肠道。同时，不溶性膳食纤维能够刺激肠道蠕动，促进食物在肠道内的传递。膳食纤维的水溶性质有助于软化粪便，使其更易排出。这对于因为硬便而导致排便不畅的人群特别重要。

膳食纤维能够在肠道内吸水膨胀，增加粪便体积。这也有助于减缓食物在肠道的通行时间，刺激肠道蠕动从而促进排便。膳食纤维是益生元的重要来源，有助于维持肠道微生物群的平衡。良好的肠道菌群有助于消化吸收，防止有害细菌滋生，从而维护肠道健康。膳食纤维还可以调节肠道的酸碱平衡，维持适宜的 pH，有助于预防便秘、腹泻等肠道问题的发生。

（二）益生菌

肠动力障碍是便秘的最常见原因之一。研究发现，便秘人群的肠道菌群组成在种类和数量上较健康人群有显著差异。肠道菌群可通过发酵肠腔内的底物产生一系列代谢产物，包括胆汁酸、短链脂肪酸、硫化氢和甲烷等，这些产物通过作用于肠壁影响肠动力。肠道菌群还参与神经内分泌因子和胃肠激素的产生。与肠道菌群有密切关系的神经肽包括 5-羟色胺、血管活性肠肽等，这些神经内分泌因子可刺激消化道平滑肌收缩和舒张。肠道菌群还可以对肠道免疫系统进行调节。肠道免疫系统可特异性识别病原微生物，对病原微生物产生免疫应答，有效降低肠道部位的感染率。免疫细胞释放的炎症介质参与调节各种消化功能，其中大多数有肠神经系统的参与，因此肠道免疫系统与肠动力密切相关。益生菌改善便秘的机制主要有以下几点：①调节患者肠道菌群平衡；②益生菌代谢物改善肠道感觉运动功能；③增加短链脂肪酸产生，降低肠腔 pH，改善肠道环境。

（三）药食同源

中医将便秘分为气血、血虚、阴虚热结、肾虚、胃肠燥热、忧思抑郁、气血瘀滞、寒湿阻滞，及多种病因错杂混合等。气虚、气血瘀滞引发的便秘可用地黄、当归、桃仁、枳实、莱菔子、苏子等，阴虚血虚引发的便秘可用白芍、麦冬、玄参、决明子等，肾虚引发的便秘可用加苁蓉、山药、山茱萸等，润肠可用麻仁、黑芝麻等。

第三节　辅助保护胃黏膜的功能性食品

一、概述

胃黏膜是胃内很薄的一层黏膜组织，由上皮、固有层及黏膜肌层三部分组成。胃黏膜承担分泌胃酸、胃蛋白酶原和胃黏液三种关键物质的作用，以支持胃发挥消化、吸收、杀菌和自我保护等功能。其中，胃酸作为一种 pH 小于 3 的强酸溶液，可以有效杀死胃内的细菌，保护胃肠道，同时也起到一定程度上帮助消化食物的作用。但是，胃酸同时也因为它的强酸性，可能会对胃内壁造成腐蚀，而胃黏液在其中就起到了自然阻隔的作用，帮助保护胃黏膜免受胃酸以及其他饮食物的刺激伤害。

二、胃黏膜屏障

在胃腔和胃黏膜间隙之间存在一道十分严密的屏障，称为胃黏膜屏障，它是由上皮顶部细胞膜和相邻细胞间的紧密连接构成的。在正常情况下，此屏障可阻止胃腔中的 H^+ 顺浓度差向黏膜内扩散而侵蚀黏膜层，防止酸度极高的胃液损伤胃黏膜。某些物质或药物，如阿司匹林、乙醇、醋酸和胆酸等，可破坏胃黏膜屏障。此屏障一旦受到损伤，则 H^+ 便会迅速向黏膜内侵袭，而引起一系列病理过程，导致黏膜水肿、出血，甚至坏死，形成溃疡。某些物质如前列腺素具有防止或明显减轻有害物质对黏膜损伤的作用。胃黏膜上皮细胞不断地合成和释放大量的内源性前列腺素。某些胃肠激素如生长抑素等都对胃黏膜有一定的保护作用，其保护机制与抑制胃酸分泌，促进胃黏膜分泌黏液和 HCO_3^-，促进黏膜细胞更新，改善黏膜血流等因素有关。

三、胃黏膜受损的表现

轻症胃黏膜损伤主要影响胃功能，会出现消化不良、胃胀、反酸等症状；慢性胃黏膜损伤患者会有进食后胃部疼痛不适、恶心等症状。与此同时，胃黏膜损伤为幽门螺杆菌这种寄生胃部的细菌提供了可乘之机，幽门螺杆菌长期存在可能引发多种胃部疾病，如慢性胃炎、胃溃疡等，幽门螺杆菌的存在也被证实和胃癌之间存在相关性；胃黏膜损伤反复发生，胃病就会反复出现。胃黏膜损伤不断加重，甚至到萎缩、糜烂、溃疡等地步，也会导致糜烂性胃炎、胃溃疡等疾病，严重的也可能诱发肠化生，肠化生是一种典型的胃癌前病变，持续进展则有转变为胃癌的可能。

四、具有辅助保护胃黏膜作用的功能性食品的开发

（一）胃黏膜受损的营养防治原则

（1）适宜的饮食构成及良好的饮食习惯是防治胃黏膜损伤的重要措施。日常饮食应限制对胃黏膜有强烈刺激的饮食，并利用饮食适当减量调节胃功能。胃酸分泌过多的患者可食用鲜牛奶、豆浆等中和胃酸。

（2）通过具有保护胃黏膜作用的功能性食品进行调理。多种谷物中含量丰富的醇溶谷蛋白具有修复胃黏膜作用。醇溶谷蛋白中的谷氨酰胺可以定向刺激人体胃肠道的肌肉蛋白和糖原的合成，进而提高人体胃黏膜的生成，促进胃动力，是已知的能够显著改善顽固性胃炎、胃溃疡等胃肠疾病的天然蛋白。

（3）食用传统中医理论中具有健脾益气养胃作用的药食同源食品，如健脾益气类的山药、理气类的砂仁、清热类的栀子等。另外，猴头菇、黄芪、党参、人参所含的生理活性成分总皂苷具有抗菌、抗病毒及提高免疫力作用，对感染所致的胃黏膜损伤有改善效果。

（二）常见的能够辅助保护胃黏膜的功能性食品

1. 燕麦

燕麦中含有醇溶谷蛋白，能刺激合成胃黏膜所需的糖原成分，从而促进胃黏膜生成，改善胃黏膜受损问题。此外，燕麦中还含有丰富的膳食纤维和 B 族维生素，能帮助促进消化，缓解消化不良、胃胀等胃部不适症状。

2. 银耳

银耳中含有丰富的胶质和银耳多糖，能帮助保护胃黏膜。银耳多糖还具有抑菌消炎，防止口臭，预防胃癌等功效。

3. 猴头菇

猴头菇含有的猴菇多糖和多种氨基酸可以调节消化系统功能和修复受损胃黏膜，还能对

幽门螺杆菌等起到抑制作用，对慢性胃炎、胃溃疡及胃酸过多等症状的改善都有辅助作用。

4. 南瓜

南瓜中所含的果胶能够辅助保护胃黏膜免受粗糙食物摩擦，促进溃疡面愈合，非常适宜胃溃疡患者食用。

5. 茉莉花

茉莉花中含有丰富的挥发油、维生素，能止痛消炎、促进胃黏膜修复。

6. 山药

山药富含淀粉酶和多酚氧化酶等酶类物质，能够帮助促进消化；此外，山药中独有的黏蛋白能滋润胃黏膜，保护胃壁，起到强胃、健胃等作用，胃黏膜损伤的人群可以用山药部分代替主食。

复习思考题

1. 益生菌和益生元的定义是什么？
2. 益生菌和益生元通过怎样的机制调节肠道菌群？
3. 哪些功能性食品可以辅助改善便秘？
4. 哪些功能性食品可以辅助改善胃黏膜受损？

第七章　功能性食品加工技术

学习目标

1. 了解功能性食品中生物活性物质的分离纯化技术。
2. 了解功能性食品中生物活性物质的提取技术。
3. 了解微胶囊技术。
4. 了解超临界流体萃取技术。

一、概述

近年来，随着我国国民生活水平的不断改善和饮食结果的改变，功能性食品受到越来越多地关注。功能性食品中发挥生理活性作用的物质称为生物活性物质，其中很多生物活性物质具有热敏性等不稳定性。因此，从食品原材料中对生物活性物质进行提取分离，并通过食品加工技术保留其生物活性和稳定性至关重要。

目前，功能性食品的生产技术主要包括：生物工程技术（包括发酵工程、酶工程、基因工程、细胞工程等）、分离纯化技术、超微粉碎技术、冷冻干燥技术、微胶囊技术、冷杀菌技术等。

二、功能性食品主要生产技术

（一）初步分离纯化

从固液分离出来后的提取液需要初步分离纯化，进一步除去杂质。常用的初步分离纯化技术主要有萃取分离、沉淀分离纯化、吸附澄清技术、分子蒸馏技术、膜过滤法、树脂分离方法等。

1. 萃取分离

萃取分离法既是一个重要的提取方法，又是一个从混合物中初步分离纯化的重要的常用分离方法。这是因为溶剂萃取具有传质速度快、操作时间短、便于连续操作、容易实现自动化控制、分离纯化效率高等优点。在萃取分离法中，一是水—有机溶剂萃取，即用一种有机溶剂将目标产物自水溶液中提取出来，达到浓缩和纯化的目的；二是两水相萃取，这是近期较为引人注目且很有前途的新型分离纯化技术。当两种性质不同、互不相溶的水溶性高聚物混合，并达到一定的浓度时，就会产生两相，两种高聚物分别溶于互不相溶的两相中。常用的两水相萃取体系为聚乙二醇—葡聚糖系统。

2. 沉淀分离纯化

利用加入试剂或改变条件使功能活性成分或杂质生成不溶性颗粒而沉降的沉淀法是最常用和最简单的分离纯化方法，其浓缩作用常大于纯化作用，因此通常作为初步分离的一种方法。沉淀分离纯化方法主要有盐析法、等电点法、有机溶剂沉淀法、非离子型聚合物沉淀法、聚电解质沉淀法、高价金属离子沉淀法和其他沉淀方法等。

3. 吸附澄清技术

吸附澄清通过吸附澄清剂的吸附、架桥、絮凝作用以及无机盐电解质微粒和表面电荷产生絮凝作用等，使许多不稳定的微粒联结成絮团，并不断增长变大，以增加微粒半径，加快其沉降速度，提高滤过率。

4. 分子蒸馏技术

分子蒸馏利用液体混合物各分子受热后会从液面逸出的特征，在离液面小于轻分子平均自由程而大于重分子平均自由程处设置一个冷凝面，使轻分子不断逸出，而重分子达不到冷凝面，从而打破动态平衡而将混合物中的轻重分子分离。

5. 膜过滤法

膜过滤法是以压力为推动力，依靠膜的选择透过性进行物质的分离纯化的方法，包括微滤、纳滤、超滤、反渗透和电渗析等类型。膜过滤法具有比普通分离方法更突出的优点，由于在分离时，料液既不受热升温，又不发生相变化，功能活性成分不会散失或破坏，容易保持活性成分的原有功能。

（二）高度分离纯化

经过初步分离纯化后的功能活性成分，纯度可能还达不到要求，仍含有一些杂质，需要进一步的高度分离纯化，才能满足对生物活性成分的性质、结构和活性的研究。高度分离纯化的方法有结晶分离纯化和色谱法分离纯化等。

1. 结晶分离纯化

结晶是溶质呈晶态从溶液中析出的过程。因为初析出的结晶总会带一些杂质，所以需要反复结晶才能得到较纯的产品。将比较不纯的结晶再通过结晶作用精制得到较纯的结晶，这一过程叫重结晶。晶体内部有规律的结构，规定了晶体的形成必须是相同的离子或分子，才可能按一定距离周期性地定向排列而成，所以能形成晶体的物质是比较纯的。

2. 色谱法

分离纯化纸色谱是以纸和吸附的水作为固定相的液相色谱法，主要应用于亲水化合物的分离。通常的纸色谱是正相色谱，但有时也将滤纸用极性较小的液体处理作为固定液，而以极性大的含水溶剂为流动相，此即为反相纸色谱法。纸色谱点样量少，分离后的纯品量少，难以大量收集供功能活性成分的进一步研究之用。薄层色谱是将吸附剂涂布在薄板上作为固定相的液相色谱法。薄层色谱的点样量比纸色谱大，分离纯化效果也比纸色谱好，可用于纯度鉴定；也可将分离后的斑点刮下，溶解后收集纯品，但收集量还是太小，除特殊的情况外，一般也不用作纯品的收集方法。

（三）现代提取方法

分离是功能性食品加工中的一个主要操作，它依据理化原理将一种中间产品中的不同组分分离。生产功能性食品时，常利用一些功效成分含量较高的功能性动植物基料，如银杏叶、荷叶、茶叶、茶树花、山药等提取黄酮、酚类、生物碱、多糖等生物活性成分。经典提取方法主要是有机溶剂提取法。有机溶剂提取方法往往不需要特殊的仪器，因此应用比较普遍。现代提取方法是以先进的仪器为基础发展起来的新的提取方法，主要有水蒸气蒸馏技术、超声波提取技术、微波提取技术、生物酶解提取技术、固相萃取技术等。

1. 水蒸气蒸馏技术

水蒸气蒸馏利用被蒸馏物质与水不相混溶，使被分离的物质能在比原沸点低的温度下沸腾，生成的蒸气和水蒸气一同逸出，经冷凝、冷却，收集到油水分离器中，利用提取物不溶于水的性质以及与水的相对密度差将其分离出来，从而达到分离的目的。

2. 超声波提取技术

天然植物有效成分大多存在于细胞壁内，细胞壁的结构和组成决定了其是植物细胞有效成分提取的主要障碍。现有的机械方法或化学方法有时难以取得理想的破碎效果。超声波提取技术利用超声波具有的机械效应、空化效应及热效应，加强胞内物质的释放、扩散和溶解，加速有效成分的浸出，可以大大提高提取效率。

3. 微波提取技术

微波提取技术是利用微波能来提高提取率的一种新技术。微波提取过程中，微波辐射导致植物细胞内的极性物质，尤其是水分子吸收微波能，产生大量热量，使细胞内温度迅速上升，液态水汽化产生的压力将细胞膜和细胞壁冲破，形成微小的孔洞；进一步加热之后，会导致细胞内部和细胞壁水分减少，细胞收缩，表面出现裂纹。孔洞和裂纹的存在使胞外溶剂容易进入细胞内，溶解并释放出胞内产物。

4. 生物酶解提取技术

生物酶解提取技术是利用酶反应具有高度专一性等特性，根据植物细胞壁的构成，选择相应的酶，将细胞壁的组成成分水解或降解，破坏细胞壁结构，使有效成分充分暴露出来并溶解、混悬或胶溶于溶剂中，从而达到提取细胞内有效成分的一种新型提取方法。由于植物提取过程中的屏障细胞壁被破坏，酶法提取有利于提高有效成分的提取效率。此外，由于许多植物中含有蛋白质，若采用常规提取法，在煎煮过程中，蛋白质遇热凝固，会影响有效成分的溶出。

5. 固相萃取技术

固相萃取根据液相色谱法原理，利用组分在溶剂与吸附剂间选择性吸附与选择性洗脱的过程，达到提取分离、富集的目的。样品通过装有吸附剂的小柱后，目标产物保留在吸附剂上，先用适当的溶剂洗去杂质，然后在一定的条件下选用不同的溶剂，将目标产物洗脱下来。

（四）膜分离技术

膜分离技术是指在分子水平上不同粒径分子的混合物在通过半透膜时，实现选择性分离的技术。膜壁布满小孔，根据孔径大小可以分为：微滤膜、超滤膜、纳滤膜、反渗透膜等，膜分离采用错流过滤或死端过滤方式。膜分离技术以选择性透过膜为分离介质，借助外界推动力，对两种组分或多种组分进行分级、分离和富集。与其他分离技术相比，膜分离为物理过程，无须引入外源物质，节约能源的同时，减少了对环境的污染；而且，膜分离在常温下进行，过程中没有相变，适宜对食品工业中生物活性物质进行分离及浓缩。将膜分离技术应用于食品工业的浓缩、澄清以及分离，可以较好地保持产品原有的色、香、味和多种营养成分。另外，膜分离设备具有结构简单、易操作、易维修的特点，使其在化工、制药、生物以及食品工业等领域的应用更加广泛。

（五）超微粉碎技术

超微粉碎技术是指利用机器或者流体动力的途径将 0.5~5mm 的物料颗粒粉碎至微米甚至纳米级的过程，一般的粉碎技术只能使物料粉碎至粒径为 45μm，而运用现代超微粉碎加工技术能将物料粉碎至 10μm，甚至 1μm 的超细粉体。我国已将其广泛应用于茶粉、植物蛋白饮料及奶制品等软饮料的生产，超微粉碎技术可有效提高功能性食品中生物活性物质的利用率，也常常用于膳食纤维等基料的制备。超微粉碎技术是利用机械或流体动力的方法，它利用外加机械力，使机械力转变成自由能，部分地破坏物质分子间的内聚力，来达到粉碎的目的，将物料颗粒粉碎至微米级甚至纳米级微粉。随着物质的超微化，其表面分子排列、电子分布结构及晶体结构均发生变化，产生一般颗粒材料所不具备的表面效应、小尺寸效应、量子效应和宏观量子隧道效应，从而使超微产品与宏观颗粒相比具有一系列优异的物理、化学及表界面性质，如良好的溶解性、分散性、吸附性、化学反应活性等。

（六）微胶囊技术

1. 微胶囊技术概述

微胶囊技术是一项用途广泛而又发展迅速的新技术。自从 1953 年微胶囊技术问世以来，经过许多科学家和专业公司的努力，微胶囊技术获得不断地发展和完善。食品中应用微胶囊技术的目的主要为将液体或气体成分转化成易处理的固体；保护敏感成分，防止其被氧化；控制释放的速度和时间等。由于这些特点，该技术在食品中的应用越来越广泛。在功能性食品领域中，运用纳米微胶囊技术对功能性食品中的功能因子进行包埋，既可以减少功能因子在加工或贮藏过程中的损失，又能有效地将功能因子输送到人体的胃肠道位置。纳米胶囊特定的靶向性可以使功能因子改变分布状态而浓集于特定的靶组织，以达到降低毒性、提高疗效的目的，并通过控制释放功能因子提高其生物利用率，同时保持食品的质地、结构以及其感官吸引力。因此，纳米微胶囊技术为功能性食品的研究与开发提供了新的理论和应用平台，十分有利于功能性食品的发展。

微胶囊技术是指利用天然的或者是合成的高分子包囊材料，将固体的、液体的甚至是气体的囊核物质包覆形成的一种直径在 1~5000μm 范围内，具有半透性或密封囊膜的微型胶囊的技术。纳米微胶囊技术是指利用纳米复合、纳米乳化和纳米构造等技术在纳米尺度范围内（1~1000nm）对囊核物质进行包覆形成微型胶囊的新型技术。其中，被包覆的物质称为微胶囊的芯材，用来包覆的物质称为微胶囊的壁材。

微胶囊技术的优越性在于：①可有效减少活性物质对外界环境因素（如光、氧、水）的反应；②减少芯材向环境的扩散或蒸发；③控制芯材的释放；④掩蔽芯材的异味；⑤改变芯材的物理性质（包括颜色、形状、密度、分散性能）、化学性质等。对于食品工业，它可以使纯天然的风味配料、生理活性物质融入食品体系，并能保持生理活性，也可以使许多传统的工艺过程得到简化，同时它也使许多用通常技术手段无法解决的工艺问题得到解决。

2. 微胶囊的组成

（1）芯材。

芯材可以是单一的固体、液体或气体，也可以是固液、液液、固固或气液混合体等，既可以是食品中的天然组分，也可以是食品添加剂，其选择具有很大的灵活性。可作为芯材的物质有很多，在不同行业、不同用途中有不同的内容。在食品及饮料工业中，可作为芯材的物质有：生物活性物质（如活性多糖、茶多酚、超氧化物歧化酶等），各种氨基酸、矿物质元素，各种食用油脂、维生素、香料香精，各种酶制剂、防腐剂。此外甜味剂、酒类、微生物细胞、酸味剂、色素、酱油等也可作为芯材。

（2）壁材。

微胶囊技术实质上是一种包装技术，其效果的好坏与"包装材料"壁材的选择紧密相关。一种理想的壁材必须具有如下特点：高浓度时有良好的流动性，保证在微胶囊化过程中有良好的可操作性能；能够乳化芯材并能稳定产生乳化体系；在加工过程以及贮存过程中能够将芯材完整地包埋在其结构中；易干燥以及易脱落；良好的溶解性；可食性与经济性。

通常一种材料很难同时具备上述性能，因此在微胶囊技术中常常是采用几种壁材复合使用。常用的一些壁材如下所述。

①碳水化合物。用于微胶囊壁材的碳水化合物主要有麦芽糊精、玉米淀粉糖浆、环糊精、壳聚糖、纤维素、蔗糖及变性淀粉等物质。麦芽糊精和玉米淀粉糖浆这两种碳水化合物本身不具备乳化能力，成膜能力也差，但它们与其他具有乳化性的壁材配合后，可提高体系的固形物浓度，有利于降低干燥能耗，减少生产成本。环糊精也不具备乳化能力，但其分子中疏水性空腔能同具有一定大小与形状的疏水性分子形成稳定的非共价复合物，从而起到稳定芯材、掩盖芯材异味的作用，但环糊精在微胶囊制品中应用有一定的局限性。壳聚糖主要用在复凝聚法微胶囊技术，纤维素及其衍生物主要用在水溶性食品添加剂如甜味剂、酸味剂以及酶或细胞的包埋剂。蔗糖具有溶解速度快、热稳定性高、价格低、来源广的特点，常被用来作为微胶囊的壁材，以往的研究主要限于在挤压法、共结晶两种微胶囊化工艺中使用，最近已开始有将蔗糖用作喷雾干燥法微胶囊工艺的壁材的报道。具有乳化性能的碳水化合物只有辛酰基琥珀酸酯化变性淀粉，这种淀粉分子结构中同时包含亲水亲脂基团，因此具备乳化芯材的能力，且已被 FDA 正式批准使用，它还具备高固形物浓度时低黏度的特点，比传统的阿拉伯胶具有更强的优越性，但它的来源依赖于进口。

综上所述，用作微胶囊壁材的碳水化合物以麦芽糊精、玉米淀粉糖浆、蔗糖较为切合实际，这三种碳水化合物中玉米淀粉糖浆的价格较高，因此又以麦芽糊精与蔗糖最具实用性。

②胶质。海藻胶、瓜尔胶、卡拉胶可分别用于高脂食品、风味料、汤料与果汁等的包埋剂。阿拉伯胶含有约1%具乳化性的蛋白质，能够乳化芯材，而且溶解性能好，因此在微胶囊技术中用途最为广泛，它主要应用在风味料的微胶囊化技术中，但阿拉伯胶的来源价格高且供应不稳定。黄原胶是一种微生物多糖，它在溶液中黏度较大，利于改善乳状液的流变性，增加乳化体系的稳定性，另外在体系固形物含量较低时添加适量的黄原胶，可以提高进料黏度，这对于喷雾干燥过程中形成较大的雾滴十分有利，因此在体系中使用黄原胶有利于微胶囊化工艺过程的实现，便于降低生产成本。黄原胶来源广，因此是较为实用的一种微胶囊壁材辅料。

③脂质。脂质一般用作喷雾冷却法微胶囊工艺的壁材，主要用于水溶性材料或固体物质等的微胶囊技术，以它为壁材的微胶囊产品在水中不溶解但具有一定条件释放的功能，卵磷脂应用于微胶囊技术的主要原因在于它在较低温度下就可形成卵磷脂胶束，因而可用于生物活性物质如酶类的微胶囊。卵磷脂作为乳化剂与其他壁材如聚乙烯复配可对甜味剂、风味料等进行微胶囊化，作为一种营养强化剂，它本身也已被制成微胶囊化产品。脂质体微胶囊化

技术主要应用在医学上作为药物载体，除保持药物的生理活性外，还有定向释放的作用，该技术对于食品工业而言尚不现实。

④蛋白质。采用蛋白质作为微胶囊壁材主要是利用蛋白质的乳化性能，蛋白质能够在两相界面形成有良好黏弹性的界面膜，从而有效地促进了微胶囊过程。研究表明乳清蛋白能与麦芽糊精配合作为奶油或挥发性良好的微胶囊化壁材。

大豆蛋白是一种分子量极大的球状蛋白，在制备 O/W 乳状液时能定向吸附到油/水界面形成较强的界面膜，但乳化油滴过程中其球状结构的受热展开使大量疏水基团暴露，导致其在水相的溶解度大大下降。因此以其为主要壁材的微胶囊产品溶解性能欠佳，人们在大豆蛋白功能性质的长期研究中发现采用酶法改性是解决大豆蛋白溶解性的行之有效的方法，一方面减小分子的大小，另一方面由于肽键的断裂，体系的亲水基团大大增加，从而使分子的亲水性增加，达到改善溶解性的目的。研究表明大豆分离蛋白经酶法改性后溶解性大幅度上升，在 pH>8.0 后可完全溶于水中，而且有一定的乳化能力，因此用它来作为水溶性微胶囊化产品的壁材有一定的可能性。

明胶是亲水胶体，也是一种重要的蛋白源，已成为许多食品中的重要功能性成分，有许多广泛的用途，明胶同时具备乳化性、成膜性，而且也易溶于水，符合作为胶囊壁材中蛋白源要求。另外，明胶还有价格低、来源广的优势，更适合于工业化大生产中使用，实际上明胶也是微胶囊技术中至今为止使用最为广泛的一种蛋白源。目前为止大部分报道主要集中于明胶与其他一些离子型多糖采用复凝聚法形成微胶囊。

3. 微胶囊化技术方法分类

（1）喷雾干燥法。

喷雾干燥法以其操作灵活，成本低廉，具有良好的产品质量而成为食品工业中应用最广泛的微胶囊化方法。在喷雾干燥微胶囊化过程中，首先是制备芯材和壁材的混合乳化液，然后将乳化液在干燥器内进行喷雾干燥而成。壁材在遇热时形成一种网状结构，起着筛分作用，水或其他溶剂等小分子物质因热蒸发而透过"网孔"顺利地移出，分子较大的芯材滞留在"网"内，使微胶囊颗粒成型。芯材通常是香料等风味物质和油类，壁材常选用明胶、阿拉伯胶、变性淀粉、蛋白质、纤维酯等食品级胶体。

（2）喷雾冷冻法与喷雾冷却法。

这两者与喷雾干燥法的不同点在于干燥室所用的空气温度以及所用的壁材性质不同，喷雾干燥法中采用热空气以将水分去除，而在喷雾冷冻法与喷雾冷却法中，干燥室空气为室温或经冷却处理，远低于所用壁材如脂质的凝固点。这两种工艺适应面较窄，一般用于水溶性芯材如矿物质、酶、水溶性维生素、酸味剂等的微胶囊化。喷雾冷冻还可用于固体芯材，如硫酸亚铁、酸味剂、维生素、固体风味料等的微胶囊化，也可用于一般溶剂中溶解困难的生理活性物质的微胶囊化，同样通过将液态物质冷冻成固态，可实现对液滴的微胶囊化。这两种方法所选壁材具有缓释功能的特点。

（3）空气悬浮法。

空气悬浮法工作原理是将芯材颗粒置于硫化床中，冲入空气使芯材随气流做循环运动，溶解或熔融的壁材通过喷头雾化，喷洒在悬浮上升的芯材颗粒上，并沉积于其表面。这样经过反复多次的循环，芯材颗粒表面就可以包上厚度适中且均匀的壁材层，从而达到微胶囊化目的。

（4）相分离法。

相分离法主要原理为，将作为壁材的液相从连续相中分离，包覆于芯材表面，形成囊壁结构。在这类方法中以复凝聚法最为主要，其他还有：单凝聚法、盐凝聚法、调节 pH—聚合物沉淀法。复凝聚法可分为水相相分离法、非水相相分离法两种方法。

（5）挤压法。

挤压法是一种比较新的微胶囊技术，特别适用于包埋各种风味物质、香料、维生素 C 和色素等热敏感性物质，因为其处理过程采用低温方式。工艺流程为先将芯材分散到熔融的碳水化合物中，然后将混合液装入密封容器，在压穿台上利用压力作用压迫混合液通过一组膜孔而呈丝状液，挤入吸水剂中。当丝状混合液与吸水剂接触后，液状的壁材会脱水、硬化，将芯材包裹在里面成为丝状固体，而后将丝状固体打碎并从液体中分离出来，干燥而成。

此外微胶囊化的方法还有：包接络合法、复相乳业法、界面聚合法、离心挤压法、旋转悬浮分离法、共结晶法、脂质体包埋法等。

4. 微胶囊技术在功能性食品中的应用

（1）功能性油脂的纳米微胶囊化。

研究者采用乳液分散法，制备了以食品级的油脂（红花油、葵花油、大豆油、β-胡萝卜素、α-生育酚）为芯材的纳米微胶囊，并对纳米微胶囊的性质进行了研究，确定了制备纳米微胶囊的最佳条件，制得的食品级油脂的平均粒径大约为 300nm，该研究对于油脂类食品的保存和贮藏具有一定的意义。Zimet 等采用 β-乳球蛋白和低甲氧基果胶为载体，制备了 $\omega-3$ 系列多不饱和脂肪酸中的二十二碳六烯酸（DHA）的纳米微胶囊，该纳米粒子的平均粒径为 100nm，纳米微胶囊显示出了良好的胶体稳定性，能够有效地抑制 DHA 的氧化分解。在 40℃ 的环境中将 DHA 产品放置 100h，经过纳米微胶囊化的 DHA 只有 5%~10% 被氧化分解掉，而未经过处理的 DHA 却损失了 80%。

（2）抗氧化剂类的纳米微胶囊化。

应用于功能性食品中的抗氧化剂主要包括酚类物质、黄酮类化合物（主要有黄酮醇类、黄酮类、黄烷酮类、黄烷酮醇类等）、生物碱类等，同时还包括食用色素中的 β-胡萝卜素、番茄红素、叶黄素、姜黄素等，这些都是天然的抗氧化剂。采用纳米微胶囊对抗氧化剂进行包埋，可以提高其在食品应用中的稳定性和人体的生物利用率，增强其对人体的保健功效。

表没食子儿茶素没食子酸酯（EGCG）是从茶叶中分离得到的儿茶素类单体，也是最有效的水溶性的多酚类抗氧化剂，具有抗氧化、抗癌、抗突变等生物活性。Shpigelman 等用经过热变性处理的 β-乳球蛋白对 EGCG 进行纳米微胶囊包埋，得到的纳米粒子尺寸小于 50nm，对 EGCG 有很好的保护作用，能够有效地防止 EGCG 的氧化分解。

（3）维生素类和矿物质类的纳米微胶囊化。

将维生素制成微胶囊，可以大大提高其稳定性。在功能性食品中作为功效成分的矿物质主要有钙、铁、锌、硒等，对矿物质进行微胶囊化主要解决矿物质自身的不稳定性、易对食品产生不良风味以及降低毒副作用等问题。

Semo 等对脂溶性的维生素 D_2 进行包埋，成功制备了平均粒径在 150nm 左右的维生素 D_2 的纳米微胶囊。该研究表明，微胶囊中的维生素 D_2 浓度是血清中的 5.5 倍，并且微胶囊的形态和平均粒径与天然形成的酪蛋白相似，可以部分地保护维生素 D_2，防止紫外光照射引起的

维生素 D_2 的降解。

纳米微胶囊技术，是涉及物理和胶体化学、高分子物理和化学、分散及干燥技术、纳米技术中的纳米材料和纳米加工学等多交叉性学科。纳米微胶囊技术作为微胶囊技术的发展和延伸，在功能性食品加工生产过程中的应用受到越来越多的关注，尤其是人们对功能性食品中的功效成分的保持与生物利用率的重视。针对功能性食品中的功效成分在应用过程中的溶解度低、功能靶向性差、生物活性低以及生物利用率差等问题，采用纳米微胶囊技术对各种功效成分进行包埋，可以增强其在生物体内的功能靶向释放性能，提高生物利用率，延长贮藏稳定期。纳米微胶囊作为一种复合相功能材料，其发展趋势将朝着胶囊的粒径小、分布窄、分散性好、选择性高、应用范围广等方面进行。

纳米微胶囊技术在功能性食品领域中的应用与发展取得了一些进展，但对于纳米微胶囊技术本身而言，其理论和应用都还刚刚起步，需要进行更深入的研究。

（七）超临界流体萃取

超临界流体萃取技术既是提取技术，又是较理想的分离技术。超临界流体萃取根据超临界流体对溶质有很强的溶解能力，在温度和压力变化时，流体的密度、黏度和扩散系数随之变化，溶质的亲和力也随之变化，从而使不同性质的溶质被分段萃取出来，达到萃取、分离的目的。这种流体可以是单一的，也可以是复合的，添加适当的夹带剂可以大大增加其溶解性和选择性。用于超临界流体的物质很多，但最常用的是二氧化碳，原因如下。

（1）二氧化碳临界温度和临界压力低（$T_c = 31.1℃$，$P_c = 7.38MPa$），操作条件温和，对有效成分的破坏少，因此特别适合于处理高沸点热敏性物质，如香精、香料、油脂、维生素等。

（2）二氧化碳可看作是与水相似的无毒、廉价的溶剂。

（3）二氧化碳在使用过程中稳定、无毒、不燃烧、安全、不污染环境，且可避免产品的氧化。

（4）二氧化碳的萃取物中不含硝酸盐和有害的重金属，并且无有害溶剂的残留。

（5）在超临界二氧化碳萃取时，被萃取的物质通过降低压力，或升高温度即可析出，不必经过反复萃取操作，所以超临界二氧化碳萃取流程简单。

超临界流体萃取的特点是：萃取剂在常压和室温下为气体，萃取后易与萃余相和萃取组分离；在较低盈度下操作，特别适合于天然物质的分离；可调节压力、温度和引入夹带剂等调整超界流体的溶解能力，并可通过逐渐改变温度和压力把萃取组分引入到希望的产品中。利用超临界二氧化碳萃取技术提取功能性食品的功效成分，对于提高功效成分的纯度和活性具有重要的作用。

复习思考题

1. 功能性食品中生物活性成分的分离纯化方法有哪些？
2. 功能性食品中生物活性成分的提取方法有哪些？
3. 简述微胶囊技术在功能性食品中的应用和其优点。

参考文献

［1］ SU Q J, ZHAO X, ZHANG X, et al. Nano functional food: Opportunities, development, and future perspectives ［J］. International Journal of Molecular Sciences, 2022, 24 (1): 234.

［2］ GRANATO D, BARBA F J, KOVAČEVIĆ D B, et al. Functional foods: Product development, technological trends, efficacy testing, and safety ［J］. Annual Review of Food Science and Technology, 2020, 11: 93–118.

［3］ GLENN R GIBSON, CHRISTINE M WILLIAMS. 功能性食品 ［M］. 霍军生, 等译. 北京: 中国轻工业出版社, 2005.

［4］ YUAN Q X, XIE Y F, WANG W, et al. Extraction optimization, characterization and antioxidant activity *in vitro* of polysaccharides from mulberry (Morus alba L.) leaves ［J］. Carbohydrate Polymers, 2015, 128: 52–62.

［5］ 金征宇, 程昊, 陈龙. 功能性碳水化合物研究进展 ［J］. 食品科学技术学报, 2023, 41 (6): 1–8.

［6］ ALEMÁN A, GÓMEZ-GUILLÉN M C, MONTERO P. Identification of ace-inhibitory peptides from squid skin collagen after *in vitro* gastrointestinal digestion ［J］. Food Research International, 2013, 54 (1): 790–795.

［7］ BHAT Z F, KUMAR S, BHAT H F. Bioactive peptides of animal origin: A review ［J］. Journal of Food Science and Technology, 2015, 52 (9): 5377–5392.

［8］ CAPRIOTTI A L, CARUSO G, CAVALIERE C, et al. Identification of potential bioactive peptides generated by simulated gastrointestinal digestion of soybean seeds and soy milk proteins ［J］. Journal of Food Composition and Analysis, 2015, 44: 205–213.

［9］ GAREAU M G, SHERMAN P M, WALKER W A. Probiotics and the gut microbiota in intestinal health and disease ［J］. Nature Reviews Gastroenterology & Hepatology, 2010, 7: 503–514.

［10］ PREIDIS G A, VERSALOVIC J. Targeting the human microbiome with antibiotics, probiotics, and prebiotics: Gastroenterology enters the metagenomics era ［J］. Gastroenterology, 2009, 136 (6): 2015–2031.

［11］ LI Z P, YANG S Q, LIN H Z, et al. Probiotics and antibodies to TNF inhibit inflammatory activity and improve nonalcoholic fatty liver disease ［J］. Hepatology, 2003, 37 (2): 343–350.

［12］ KIM J H, KIM D H, JO S, et al. Immunomodulatory functional foods and their molecular mechanisms ［J］. Experimental & Molecular Medicine, 2022, 54: 1–11.

［13］ BARTOSZ G. Food Oxidants and antioxidants: chemical, biological, and functional properties [M]. Taylor & Francis Group, 2013.

[14] DEEPIKA, MAURYA P K. Health benefits of quercetin in age-related diseases [J]. Molecules, 2022, 27 (8): 2498.

[15] 段昊, 闫文杰. 缓解视疲劳功能的原料及其功效成分研究进展 [J]. 食品工业科技, 2023, 44 (13): 417-424.

[16] ESSA M M, BISHIR M, BHAT A, et al. Functional foods and their impact on health [J]. Journal of Food Science and Technology, 2023, 60 (3): 820-834.

[17] SERAVALLE G, GRASSI G. Obesity and hypertension [J]. Pharmacological Research, 2017, 122: 1-7.

[18] MOGHADASIAN M H, ESKIN N A M, MOGHADASIAN M H. Functional Foods and Cardio-vascular Disease [M]. Taylor & Francis Group, 2012.

[19] CHEN Z Y, JIAO R, MA K Y. Cholesterol-lowering nutraceuticals and functional foods [J]. Journal of Agricultural and Food Chemistry, 2008, 56 (19): 8761-8773.

[20] POLI A, BARBAGALLO C M, CICERO A F G, et al. Nutraceuticals and functional foods for the control of plasma cholesterol levels. An intersociety position paper [J]. Pharmacological Research, 2018, 134: 51-60.

[21] BIAŁECKA-DĘBEK A, GRANDA D, SZMIDT M K, et al. Gut microbiota, probiotic interventions, and cognitive function in the elderly: A review of current knowledge [J]. Nutrients, 2021, 13 (8): 2514.

[22] HUI Y, SMITH B, MORTENSEN M S, et al. The effect of early probiotic exposure on the preterm infant gut microbiome development [J]. Gut Microbes, 2021, 13 (1): 1951113.

[23] GHOSH S, WHITLEY C S, HARIBABU B, et al. Regulation of intestinal barrier function by microbial metabolites [J]. Cellular and Molecular Gastroenterology and Hepatology, 2021, 11 (5): 1463-1482.

[24] LAI H, LI Y F, HE Y F, et al. Effects of dietary fibers or probiotics on functional constipation symptoms and roles of gut microbiota: A double-blinded randomized placebo trial [J]. Gut Microbes, 2023, 15 (1): 2197837.

[25] ACQUAH C, CHAN Y W, PAN S, et al. Structure-informed separation of bioactive peptides [J]. Journal of Food Biochemistry, 2019, 43 (1): e12765.

[26] XIONG Q P, SONG Z Y, HU W H, et al. Methods of extraction, separation, purification, structural characterization for polysaccharides from aquatic animals and their major pharmacological activities [J]. Critical Reviews in Food Science and Nutrition, 2020, 60 (1): 48-63.

[27] TONG X, YANG J H, ZHAO Y, et al. Greener extraction process and enhanced *in vivo* bioavailability of bioactive components from Carthamus tinctorius L. by natural deep eutectic solvents [J]. Food Chemistry, 2021, 348: 129090.

[28] MENG Q Y, ZHONG S L, WANG J, et al. Advances in chitosan-based microcapsules and their applications [J]. Carbohydrate Polymers, 2023, 300: 120265.

[29] XIAO Z B, XIA J Y, ZHAO Q X, et al. Maltodextrin as wall material for microcapsules: A review [J]. Carbohydrate Polymers, 2022, 298: 120113.

[30] SINGH S, VERMA D K, THAKUR M, et al. Supercritical fluid extraction (SCFE) as green extraction technology for high-value metabolites of algae, its potential trends in food and human health [J]. Food Research International, 2021, 150: 110746.